儿童心理学

文静 著

天津出版传媒集团

天津人民出版社

图书在版编目（CIP）数据

儿童心理学 / 文静著 . —天津：天津人民出版社，2018.4

ISBN 978-7-201-12728-6

Ⅰ.①儿… Ⅱ.①文… Ⅲ.①儿童心理学 Ⅳ.① B844.1

中国版本图书馆 CIP 数据核字（2017）第 300885 号

儿童心理学

ERTONG XINLIXUE

出 版	天津人民出版社	
出 版 人	黄 沛	
地 址	天津市和平区西康路35号康岳大厦	
邮 编	300051	
邮购电话	（022）23332469	
网 址	http://www.tjrmcbs.com	
电子信箱	tjrmcbs@126.com	

责任编辑	王昊静
装帧设计	一个人·设计

印 刷	北京溢漾印刷有限公司
经 销	新华书店
开 本	710×1000毫米 1/16
印 张	16
字 数	220千字
版次印次	2018年4月第1版 2018年4月第1次印刷
定 价	39.80元

每个孩子都是一本书。

也许是环环相扣的悬疑小说，也许是精彩纷呈的童话故事，也许是起伏跌宕的历险记……各个都很精彩，但需要爸妈用心解读他、耐心欣赏他、全心呵护他……细细品味每一页的精彩。

很多爸妈总抱怨说，现在的孩子非常难管，他们的行为总是让人难以揣摩，实际上，孩子的每一种行为背后都隐藏着复杂的心理因素。在孩子的成长过程中，每一阶段都会有不同的问题产生，而每一个问题都与其年龄特点与心理发展有关。所以说，教育本质上就是一门"读心"的艺术，如果不能把工作做到孩子心坎上，那么教育的效果就会大打折扣。这就要求爸爸妈妈们务必学会站在孩子心理成长的角度上，关注孩子的内心世界，去理解孩子行为背后的真正原因，唯有如此，你的教育对孩子来说，才称得上是一件幸事。

然而遗憾的是，对于很多父母而言，孩子的内心仍然是一座无法探索的迷宫。他们总是认为"童心无忌"，所以并不注意关注孩子内心成长，随心所欲采取教育方式。比如，看到孩子大哭大闹，他们首先想到的就是把孩子批评一顿，却并不去想孩子为什么会哭，也难怪现在的很多孩子都在抱怨父母不理解自己。更关键的是，有些父母还会把孩子的一些正常表现当成出格行为加以斥责，这样就违背了孩子的天性，孩子会觉得痛苦，从而留下心理隐患。其实，有心的父母会发现，当你的教育符合孩子的心理特征时，孩子就愿意听你的。

所以说，每一位父母都应该看一看《儿童心理学》。因为只有走进孩子的内心世界，你才能在应对孩子的问题时游刃有余，才能够帮孩子跨过成长中的荆棘。而对于渴望认知孩子内心世界的父母来说，目前最需要的，并不是什么高深的心理学理论，专业性的抽丝剥茧，而是深入浅出通俗易懂的分析，以及实用有效的方法，那么，本书无疑是你的最佳选择。我们相信，它将帮助你更好地理解孩子的发展历程，提升你的家庭教育能力。

目 录

第三章 及时扫除心理阴霾，让孩子向着阳光生长

第四章 提高自我认知，谨防孩子出现严重心理问题

第九章 解读叛逆期心理，科学引导防止孩子走上歧途

第十章 端正教养心态，别给孩子制造心理雷区

第一章

孩子的心理真相，常常被父母忽略

孩子就爱对着干，爸妈怎么办

当你和自己的孩子讲道理时，你是否发现他在摆弄手指或者玩具，低着头，似乎根本没把你的话听进去？当孩子做错了事，你批评教育他，他是不是和你顶嘴了？甚至有的时候，你只是让他多吃点儿饭，他都会不耐烦地摆摆手，示意你别说了，嫌你唠叨？对于这些情况，你该如何应对？

豆豆今年5岁了，一天妈妈正准备去机场接一个朋友，看到豆豆在玩雪花片，玩得很入神，已经拼出了一个长长的、色彩斑斓的"尾巴"。豆豆妈妈边整理包包边大喊："豆豆，把雪花片收拾好跟妈妈出门。"可豆豆就好像没有听见一样，看到豆豆还在那儿坐着不动，妈妈又大声喊了几句，豆豆不耐烦地说："好了，就来了！"可是几分钟过去了，豆豆妈妈已经收拾好了准备出门，看到豆豆还在玩，豆豆妈妈立刻火冒三丈，直接将豆豆的雪花片拆散了，结果豆豆大哭大闹，说什么都不肯跟妈妈一起出门。

后续的结果无疑是一场"恶战"，那我们一点一点来分析，豆豆妈妈在跟豆豆沟通时，有哪些需要改进的地方。

1. 传达的指令啰唆、不能直入主题

豆豆妈妈传达的指令是："豆豆，收拾下跟妈妈出门了"。本身这句话对于小孩子来说是很模糊的，豆豆在玩积木，直接跳转到出门是需要一个过程的，孩子很难一下子就接受。豆豆妈妈如果说："豆豆，妈妈现在要赶时间出门，你现在需要把手上的积木放下了，然后去洗手，跟我一起出门。"

2. 跟孩子说话语气强硬，语速过快，声调过高

我们回顾一下豆豆妈妈说的话，第一句是"豆豆，收拾下跟妈妈出门"，这是一个祈使句，直接是以命令的口气，孩子肯定不喜欢听；豆豆妈妈着急出门，可豆豆不着急，豆豆妈妈把自己的主观意志强加给孩子，用过快的语速，给孩子压迫感，引起反感；豆豆没搭理后妈妈则用喊的方式，声调过高，再次激发孩子的逆反心理。

3. 说话时不仅不注视孩子，还"隔空传音"

豆豆妈妈一开始传达的指令豆豆压根好像没听见一样，最大的原因就是豆豆妈妈没有注视豆豆，而且离豆豆太远，这样跟孩子说话是很难引起孩子的注意的，尤其是当孩子沉迷于自己的游戏当中。

豆豆妈妈之所以会把豆豆的积木推倒是因为三分钟过去了，豆豆还没有采取行动，豆豆妈妈才失去耐心。所以，跟孩子说话离太远，而且边做其他事情边跟孩子说话的方式，不仅不能引起孩子的注意，还不能关注到孩子是否按照自己的要求去做，才会埋下争吵的伏笔。

4. 不会转移话题

豆豆妈妈用孩子不喜欢的方式表达命令孩子停止玩玩具本身就是孩子不喜欢的，这样直接的表达孩子当然不太乐意。如果豆豆妈妈会转移话题，把最初的话换成"豆豆，洗完手妈妈要带你出去玩啦！"，也许这场争吵就不会发生啦！

很多家长都觉得奇怪，孩子以前的时候很乖巧，为什么上了学之

后性格就好像一百八十度大转弯，总是想和自己对着干？

　　心理学研究表明，孩子的第一个反抗期出现在 3 ～ 4 岁，在 3 岁之前，孩子和父母处在一体的状态，但是 3 岁以后，他们的大脑皮层迅速发育，语言和动作能力大大提高，逐渐可以区分自己和环境的区别，他们希望自己可以独立行动，如果家长处处干涉，他们就会开始反抗，事事和父母对着干。

　　作为父母，不要因为自己掌握着孩子的一切而忽视孩子的成长变化，应该懂得合理引导孩子。良好的教育是让自己的教育方式适合孩子，而并非让孩子来适应自己的教育方式。不要以为自己的教育方式是权威的、正确的，很多时候，孩子只是因为无法反抗父母才被迫听从命令的。等到孩子稍微大些，懂得如何说不之后，敢于违抗父母的意思，父母就会突然感觉不自在，觉得孩子在和自己对着干。

自私是谁教的，怎样纠正孩子自私心理

　　生活中，很多孩子都非常自私，他们的眼里只有自己，只关心自己的衣食住行，从来不会去考虑别人的感受，包括自己的父母。可这是孩子的错吗？当然不是，这与家长从小的教育有很大关系，如果一个孩子从出生那一刻开始，家人就教他骂人，那么他长大之后一定是个满口脏话的不文明的孩子；如果家人教他的是礼仪，那么他长大后一定是个讲文明、懂礼貌的孩子。同样如此，如果一个孩子从小被娇生惯养，家人把最好的一切都给他，当着他的面展示自己的卑微，为了孩子甘愿拜倒在他的脚底，那么在孩子的眼中，家人就是卑微的，不值得放在眼里和心中的。

东东8岁了，是家里的独生子，爸爸妈妈、爷爷奶奶对他关爱备至，视为掌上明珠，含在嘴里怕化了，拿在手里怕碎了。记得有一次，爸爸妈妈带着东东到朋友家做客，吃饭的时候，东东将自己碗里的鸡皮夹给了妈妈，饺子皮夹给了爸爸，而自己只吃鸡肉和饺子里面的肉疙瘩。朋友问孩子为什么这么做，东东的父母却骄傲地说自己的孩子吃东西比较挑剔、细致，在家里他就这么吃饭。

其实现实生活中像东东这样的孩子比比皆是，他们总是觉得自己的欲望就该得到满足，不用去感恩或者回报，一旦得不到满足，肯定是别人做得不够多、不够好。自己的父母、爷爷奶奶都是不值得去考虑的。

这些孩子通常从小就是一个家庭的中心，他们的父母以错误的方式爱他们、宠他们，这些自私的孩子长大之后就有了人格缺陷，导致他们的人生变得失败，因为他们经受不住打击和挫折，常常因为得不到某种满足怀恨在心，他们的痛苦往往多于欢乐，怨恨多于感动；还可能由于极端自私和狭隘而变成对社会产生威胁的危险人物。

那么家长要怎么做才能帮助孩子克服自私的心理呢？

1. 爱孩子，但不要溺爱孩子

如果孩子有"吃独食"的习惯，这便和家长的溺爱有很大的关系，很多家长出于对孩子的爱，将家里所有好吃好玩的东西都给予孩子，自己却站在一边看着，有时候孩子想将自己的东西分享给家长，家长却拒绝了，久而久之，孩子就形成了独享意识，他们觉得这一切"优待"都是应该的。

2. 告诉孩子，分享也是获得

很多时候，孩子之所以不愿意分享，是因为他觉得分享就意味着失去。家长要理解孩子的这种心理，同时让孩子明白，分享并不是失去，而是一种互利。分享体现着自己对别人的关心和帮助，自己与别人分享了，别人也会回报自己同样的关心和帮助，这样相互之间才能宽容、爱护、体贴，才能感觉到温暖和快乐。

3. 不能让孩子搞特殊

要潜移默化地给孩子灌输"家庭成员都是平等的"的思想，不在家庭之中给孩子搞特殊化。要让孩子知道自己有愿望，别人也有愿望，好东西要大家分享，不能只顾自己不顾别人。

4. 教育孩子热爱集体、关心集体

经常带着孩子积极参与到各项集体活动之中，亲自带着孩子参加社会组织的义务劳动，在集体生活中培养孩子无私的心理，体会互相帮助的乐趣，感悟合作的重要性，享受无私的快乐。

5. 结合生活实际告诉孩子自私的危害

结合生活实例给孩子讲清楚自私的危害。比如孩子第一次拿别人的东西，父母要及时指出孩子的错误，给孩子讲道理，孩子以后就不会再犯同样的错误。反之，如果父母不及时指出孩子的错误，孩子就会形成经常拿别人东西的恶习，到时再纠正就很难了。

6. 给孩子树立好榜样

家长要做与人分享的好榜样，经常主动帮助他人，即可在无形之中影响孩子，促进孩子好品质的形成。

大量的事实表明，一味地骄纵会毁了孩子，导致孩子成年步入社会之后无法接受别人对自己的一丁点不好，不敢步入社会接受磨炼。父母应该让孩子经历、体会生活中的酸甜苦辣，磨炼孩子的意志，让孩子懂得感恩，懂得爱别人。

粗俗谁之过，如何培育孩子文明心理

"讲文明，懂礼貌"是中华民族的传统美德，但是随着独生子女政策的施行，物质生活条件的丰盈、日渐优越，越来越多的孩子被娇惯得不成样子，早就忘记了文明礼貌是什么。

张蕊小朋友是个非常可爱的小朋友，是家里的独生女，父母从小娇生惯养。虽然外表可人儿，可她身上折射出的礼仪行为着实让人堪忧。一进幼儿园，就能看到她在朝着妈妈耍脾气，不是使劲拽着妈妈的手，就是大声哭闹不肯进教室，一直等到妈妈摆出交换条件——买一件东西之后，她才肯松手，破涕为笑，之后没事人似的径直走到教室内，老师亲切地叫她的名字，她却满脸的不屑。上课的时候她也不能专心听讲，不是走到别的小朋友的位置，拉扯女孩子的头发；就是走到窗边朝着窗户外张望。户外游戏时，她不是插队就是到处乱窜，不听指挥，有时还藏起来让老师们找不到。到了午睡的时间，大家都安静地躺在床上，她却偷偷跑到楼梯拐角处，让保育老师们好找，好容易将她带进寝室，她却不时发出怪叫声，打扰身边其他小朋友休息。有时候，张蕊还欺负一些比自己弱小的同学，如果对方反抗，她甚至会骂脏话，甚至大打出手。虽然张蕊长得很可爱，但是小朋友们都不喜欢和她一起玩，经常向老师告她的状。张蕊的种种的表现也让幼儿园的老师们非常头疼。

张蕊是家里的独生女，从小就受到过多的呵护与溺爱，稍微有不顺心的地方就会哭闹、耍脾气，让父母满足自己的要求，父母在张蕊待人处世上很少引导教育，总觉得孩子还小，长大之后自然就懂事了，对孩子放任自流，导致孩子形成以自我为中心的自私行为。

还有的孩子在学校调皮、不懂文明礼貌是因为父母之间关系不和谐，经常当着孩子的面吵架甚至打架，孩子耳濡目染后，逐渐形成不良的攻击行为。那么家长要如何做，才能让文明礼貌在孩子的心里生根发芽呢？

1. 让孩子知道什么叫礼貌

看到孩子有不礼貌的行为时，多数家长的反应都是训斥或批评，却没想过孩子可能根本就不知道礼貌是什么，什么样的行为才算是有礼貌的，什么行为又是没礼貌的。父母有意识地在不同场合、根据不同对象教孩子具体做法。比如，对长辈说话时要用"您"，见到熟悉的人要主动问好；分别的时候说"再见"；请求别人帮助时要用"请"；得到帮助后要说"谢谢"；对长者不能直呼其名，而是要称呼其为"老爷爷""老奶奶""叔叔""阿姨"等；家中来了客人要有礼貌地回答客人的问话；到别人家中不可随意动东西。反复练习就能形成良好的习惯了。好习惯的养成不仅是靠说出来的，而是要通过不断练习才可以形成。

2. 分析脏话的内容，及时制止孩子不礼貌行为

父母听到孩子说脏话的时候不要惊慌失措，或者气急败坏地加以指责，更不能置之不理，而是要语气和缓地给孩子讲道理："孩子，你刚才说的那句话用的词不好，你这样说话，其他小朋友和叔叔阿姨会看不起你的，他们会觉得你学习不好、长得不漂亮，你愿意这样吗？你知道自己该怎么说话吗？""对啦，这样才是漂亮的乖宝宝呢。"这时候，家长最重要的是保持平静，你生气，孩子就听不进去你说的话了。有一些家长喜欢和孩子讲大道理，讲得孩子不耐烦了，最终失去教育意义。

3. 以身作则，言传身教

其实很多时候，孩子说脏话、打人都和父母的日常行为脱不了干系。只不过大人对自己的行为已经习以为常，感觉不到有什么异常。而这些行为一旦发生在孩子的身上，就会让人为之一振，尤其是当孩子在亲朋好友面前爆粗口的时候，父母更是觉得颜面无存。家长最好可以互相监督，拒绝脏话，如果不小心在孩子面前说了不文明的词语，要向孩子承认错误，进而加深孩子不能说脏话的印象。如果父母之间存在动手的行为，一定要及时制止，以免对孩子产生不良影响。

4. 多提供孩子与客人交往的机会

有的父母总担心自己的孩子会打扰来访的客人，常常将孩子打发到一边，让他们自己去玩。岂不知这样做会影响到孩子的社交能力。孩子会想，妈妈为什么不让我和客人待在一起，是不是我做错了什么？时间久了，家里一来客人，孩子就会躲到一旁。因此，当家里来客人时，父母应该将孩子叫出来，向孩子介绍客人，之后向客人介绍孩子，可以让孩子帮客人拿杯子、拿饮料，和客人聊聊天，谈谈自己近期的学习状况或者喜欢的游戏等，而不是将孩子打发到一边。

孩子蛮横为什么，孩子任性怎么教

很多家长在面临孩子的"无理取闹"时表示头痛，什么都依着他了，他怎么还是这么任性、蛮横？其实，孩子并不是天生就是这个性格，性格的形成和父母后天的引导、教育有很大的关系。

张思雨已经读小学三年级了，自幼在父母的宠爱下长大，变得任性、蛮横。她常常想到什么就要父母去做，而且必须要满足她的要求才可以。比如，她看到班上有同学用手机，就要自己的妈妈买给自己，妈妈担心这么早买手机会影响她的学习，于是没有答应，她便在家里发脾气、绝食，一定要让妈妈去给自己买手机才行。

一次，张思雨发脾气，一定要妈妈陪自己，不让妈妈上班，到晚饭时间了也不许妈妈做晚饭，妈妈不敢不依着她，一直到晚上八点多，加班的爸爸都回家了，她才允许妈妈做晚饭。还有一次，张思雨突然说要去奶奶家住，妈妈对张思雨说："这么晚了去乡下不安全，你先把作业做完，明天妈妈带你去。"张思雨非常不开心，和妈妈发了好一会儿的脾气。妈妈也被她弄得有些烦躁，就说了她几句，没想到张思雨一气之下就跑出了家门。妈妈当时正在气头上，没拦她，直到晚上十点多，妈妈还没有找到张思雨。后来，还是张思雨的一个同学打电话来，说思雨在他家。于是，妈妈赶紧把思雨接了回来。从那之后，由于担心思雨会一气之下再离家出走，妈妈再也不敢训斥思雨了。

孩子这样任性，父母真是伤透了脑筋。很明显，案例中的张思雨太过任性，想说什么就说什么，想做什么就做什么，从来不听父母的劝告，什么事都由着性子来。孩子的任性其实是不良性格的源头，不利于孩子的健康成长。现代社会中，很多父母都觉得只要满足孩子的一切要求就是爱孩子，岂不知这样做会在无形之中助长孩子的坏毛病。

孩子的任性和父母脱不了干系。只要孩子一哭，父母就不忍心了；只要孩子一闹，父母就不知道该怎么办了。慢慢地，孩子就明白了，只要自己哭闹，父母就会满足自己的一切要求，这样，等到孩子稍微长大一些，他就会了解到这种"要挟"所带来的好处，知道自己的任性可以摆布大人。任这种状态无休止地发展下去，等到父母想要纠正孩子的这种任性的时候，才发现为时已晚。要想纠正孩子的任性，让孩子变得乖巧懂事，一定要从小教育。

1. 不能无原则地迁就孩子

如果孩子的不合理要求在哭闹、任性的情况下得到了满足，你无原则地迁就他，慢慢地，他就会变得为所欲为，自私自利，不讲道理，任性蛮横。所以，只有宝宝得到尊重的同时你又不迁就他，宝宝的心理才可以健康发展，才能在形成鲜明的个性的同时不至于任意妄为。家长可以通过讲童话、故事等行为给孩子讲道理，这样能有效避免孩子任性，不过一定要及时。

2. 满足孩子的合理条件

如果觉得孩子的要求合理，在有条件地满足他的情况下满足他。要让孩子明白：满足是有条件的，并非随心所欲。父母在日常生活中应当注意培养孩子的自主性和独立意识，比如吃什么菜、穿什么衣服、玩什么玩具、去什么地方旅游，应该多征求孩子的意见，同时给孩子一些限制条件，例如，让孩子只能在几套方案中选择，超出条件限制则无法满足其要求。只有这样，孩子才会明白，并非所有的要求都可以被满足，一定要放弃那些不合理的要求。千万不能一味地拒绝孩子的合理要求，如果不尊重孩子，不管他提的要求合不合理，都没有实现的可能，孩子就会产生不满心理和对抗情绪，易形成不服管教的性格，或者不敢提出正当要求，一味地顺从大人，缩手缩脚，胆小怕事，失去个性。

3. 防患于未然

孩子任性行为的形成还是有据可循的，父母平时多观察，看看孩子都会在什么情况下产生任性的行为，事先和孩子沟通好，订好规则。比如，爷爷奶奶容易惯着孩子，孩子只要和爷爷奶奶一起就会变得更任性，下次再带孩子到爷爷奶奶家的时候就要提前打好"预防针"，防止孩子任性。

4. 激励夸奖

每个孩子都有好胜的心理，都希望得到父母的夸奖和赞美，如果你的孩子仍然处在任性初期，不妨通过正面激励的方法帮助孩子转变，也可以通过反面激将法故意说他"不能……"，他就会说"我能……"而且会努力证明给你看。比如，孩子不喜欢上数学课，撒谎说自己头疼，你可以说："我觉得你不能将今天的算术题都学会。"那么孩子就会下定决心地对你的说法表示抗议："我一定能学会所有的算术题。"你可以说："那好，你先去上学，放学的时候我来检查你的学习成果。"这种激将法可以帮孩子改掉坏毛病。

5. 转移注意力

如果孩子非常任性地想要做一些不合理的事情，大人不一定非要拦着，如果此时可以发送另外一些事转移孩子的注意力，孩子就不会任性下去，因为他的注意力被转移了，他已经将重心放在其他事情上了。你可以在孩子出现任性行为的时候，利用当时的情境特点设法引开孩子的注意力，将孩子的关注点移到其他可以吸引孩子的新颖事物上，这种方法在任性初期能起到很好的效果。

6. 不闻不问

孩子任性耍脾气，多数家长或是哄或是吼，唯独不能做到"事不关己高高挂起"，其实，只要是确定孩子不会因此而做什么过激的事，完全可以不去理睬他，听任他闹下去。等到他不闹的时候再去和他讲道理。讲道理的过程中，家长一定要站稳立场，千万不可"临阵妥协"；其二，不能性子太急，以免答应孩子的某些不合理要求或者伤害孩子的自尊。比如孩子以不吃饭来要挟家长的时候，家长不妨直接收拾好碗筷，让孩子饿上一顿，这种饿肚子的感觉是对孩子最好的惩罚。

调皮只是种天性，重在合理利用

每个孩子小的时候都非常调皮，这也是孩子的天性，那么父母该如何教育调皮的孩子呢？是泯灭其天性还是发展其天性？本节为你解读调皮孩子的教育方法。

冯敏今年 6 岁了，是家里的掌上明珠，相比于其他年龄相仿的女孩来说，冯敏更为调皮。记得有一次，妈妈带着冯敏到朋友家做客，她一会儿摸摸这儿，一会儿碰碰那儿，妈妈觉得很是不好意思，生怕冯敏会打碎朋友家的东西，于是轻生招呼她："敏敏，快过来，坐到妈妈腿上来。"然而冯敏并未走到妈妈跟前，而是一溜烟跑到了朋友家的卧室，看到卧室里的皮卡丘公仔非常可爱，一把抱在怀里，直接抱着出去找妈妈。妈妈刚要训斥冯敏，哪知冯敏却说："妈妈，妈妈，我看到皮卡丘身上破了个洞，你用针线缝缝吧。"妈妈的朋友一听，笑着说："敏敏真是个爱观察的孩子，这个皮卡丘一直放在我家孩子的卧室里，他都没有发现皮卡丘身上破了个洞。"

有的时候，妈妈带着冯敏到乡下爷爷奶奶家去玩耍，她就会一整天不进屋，而是在院子里观察小鸟、小蚂蚁、小蜜蜂及花花草草。冯敏虽然有些淘气，但是很聪明，她能迅速地说出普通花草的名称、颜色，以及小动物的名称、颜色、喜欢吃什么等。妈妈给她买了一本《动物与植物百科大全卷》，虽然她不认识几个字，但经常会缠着妈妈给她讲书上的小动物，她也会对号入座，在自己看到自然界中和书上对应的小动物的时候说出几点她知道的有关小动物的特点。

记得有一次，妈妈给她买了一个会发出悦耳声音的音乐盒，冯敏非常喜欢，可是这丁零零的声音是从哪里传出来的呢？为什么一上弦就可以发出声音。一连几天她都心痒得很，直到有一天，妈妈把她送到乡下找奶奶，趁着妈妈不在身边，冯敏偷偷将音乐盒拆开了，可是里面除了一个个小小的金属片什么都没有，她试图将音乐盒组装上，可是无论如何它都不能再发出声音了。

冯敏非常害怕，担心妈妈看到后会责备自己，哪知道妈妈得知原因后却鼓励她说："敏敏做得很多，既然你已经把音乐盒拆了，那就好好好观察它，尝试着不同的组装方法，看看音乐声究竟是从哪里发出来的。"

案例中冯敏的妈妈并没有因冯敏淘气而一味地压制她的本性，而是利用她的调皮活泼激发她的观察力、想象力、思考力和动手能力，这才是促进孩子成长、进步的关键。生活中，很多家长发现自己的孩子很是调皮之后就开始不明就里地管教，想要通过自己的压制和引导让孩子变得越来越乖巧、听话，却忽视了孩子的天赋。对于天性调皮的孩子，父母可以进行这样的引导：

1.面对调皮的孩子，父母要控制好自己的脾气

调皮的孩子常常会将家里弄得乱七八糟，甚至把家里的东西弄坏。很多家长在面对这种情况的时候都会气急败坏，想对着孩子大发雷霆。但是父母如果无法控制自己的脾气而责骂甚至打骂了孩子，只会让孩子逐渐丧失创新意识，要知道，那些稀奇古怪的念头里很可能蕴藏着无限的创造力。现实生活中，规矩听话的孩子可以让父母省心，再加上父母望子成龙的心态，经常会给孩子设很多的限制，不允许孩子做这做那，管教变成了管制，结果使孩子做什么事都必须看大人的眼色行事，整天一副唯唯诺诺的样子，根本不可能再有什么创造力可言了。因此，作为父母，不要因为孩子稍微有些调皮的行为就大发雷霆。

中国的父母都存在一个弊端：希望自己的孩子在家听父母话，在学校听老师话。一旦孩子没有达到这样的标准，父母就会训斥甚至打骂孩子。可能父母觉得带着这样的孩子出门有面子，而调皮的孩子会

给自己丢脸，可正是由于这样的父母，让孩子宝贵的创造力被扼杀在萌芽之中。创造需要一定的时间与空间，如果给孩子设置重重约束，一点儿自由支配的时间都没有，他们的创造力就会被扼杀。明智的家长应该懂得放手，让孩去淘气，自由自在地去遐想、去活动、去创造……

2. 尊重孩子的喜好

在中国，很大一部分家长根本不问孩子喜好什么，就一味地按照自己的意愿给孩子报各种学习班，企图让孩子掌握各种技能，以备将来步入社会能够独当一面。表面上这种做法好像很对，但是所有的家长都忽略了一点，这么做泯灭了孩子活泼的天性，让原本该绽放笑容的小脸变得不耐烦、死板、愁闷。

正确培养孩子的方法是根据孩子的天性进行培养，而很多父母的培养方法却与之相反，父母命令孩子做这做那，将学习当成任务去完成，甚至为此而羞辱、责骂孩子，那么孩子就只能带着不情愿的情绪去做这些事。其实，这样做的结果就是让孩子对学习感到厌倦，同时毁掉了孩子应有的气质，让孩子变得混混沌沌的，行动变得迟缓。

3. 调皮不等于完全没规矩

中国有句古话"没有规矩不成方圆"，容忍孩子的调皮行为并不等于完全放纵孩子，对于过于调皮、不讲礼貌、不讲规矩甚至出手打人的孩子，父母应当严厉制止和管教。孩子小的时候要培养良好的行为习惯。孩子稍微大点后，要给孩子"不听话的自由"，鼓励他们有自己的想法和做法。淘气的孩子接触面广，大脑受刺激多，能激发孩子的智力。因此，给孩子一点儿"不听话的自由"可以提高孩子的创造力。哪怕是再调皮的孩子身上都有闪光点，做父母的应该及时发现他们的优点，懂得如何去挖掘他们的潜能，培养他们的兴趣。调皮孩子的兴趣不容易被父母发现，因为他们的想法都很奇特，此时最需要父母的支持，不要强迫他们放弃自己的兴趣。

每个孩子都霸道，关键在于如何引导

我们常常遇到这样的孩子，他们非常"霸道"，不允许其他小朋友碰自己的玩具、不允许别人吃自己的东西、非要将别人玩得好好的东西抢过来……很多家长面对这样的孩子也是颇为苦恼，倒不是他们觉得这样有多不对，而是自己孩子的行为引起了别人孩子家长的反感，让自己陷入尴尬境地。

谭伟今年 8 岁了，是班上最"讨人嫌"的孩子，为什么这么说呢？你瞧，雅雅扎着两个漂亮的小辫子，正乖巧地坐在地上堆积木，谭伟走了过去，一把抢过积木，雅雅不让，他就一把揪住雅雅的小辫子，雅雅痛得哇哇大哭；谭伟平时最不喜欢吃胡萝卜，一天，学校给他们做了可爱的兔子包子，兔子的小鼻子就是用胡萝卜做成的，谭伟咬了一口兔子的鼻子，发现它是胡萝卜做成的，立马吐了出来，邻座的小男孩看到了，对谭伟说："把你不吃的胡萝卜给我吃好吗？"谭伟看了对方一眼，一把从包子上拿下胡萝卜做成的兔子鼻子，直接放到了自己的口袋里，又回了对方一句："我待会儿吃！"

小朋友们都不喜欢和谭伟坐在一起，因为他不是推推这个，就是挤挤那个，总之没有安静下来的时候。做游戏的时候又喜欢霸占其他小朋友的玩具，导致无论是上课还是课间，都没有人靠近他。

案例中的谭伟之所以被其他小朋友疏远，主要是因为他喜欢捣乱、淘气、霸道，经常干扰其他小朋友。像谭伟这样的小朋友不受集体欢迎的地位一旦形成，很可能在几年之内都无法改变。谭伟属于外向性格的孩子，活动水平较高，平时喜欢运动，对安静的活动没有兴趣。所以在安静的活动中他会表现出自己"捣乱""霸道"的行为。其实这和他的家庭环境、教育方式有很大的关系，这种情况对于成长中的孩子而言非常危险。每个孩子都希望拥有自我价值感与归属感，他们想要通过自己的"特殊"来吸引其他同伴的注意，岂不知自己的做法只会让周围人更讨厌自己。那么家长该如何纠正孩子的这种霸道行为呢？

1. 认清孩子不愿意分享的原因

很多孩子不允许别人碰自己的东西，哪怕是平时和自己玩的还不错的小朋友。这是因为孩子清楚地知道"这是我的东西"，他的占有欲很强，当有人侵犯他的"主权"时，他就会通过哭泣、打人、耍赖等动作进行自我保护。如果孩子已经4岁以上了，仍然不懂得分享自己的东西，家长就要了解孩子不愿意分享的原因，并加以纠正。谦让是中华民族的传统美德，父母要明白一个道理，孩子终究要步入社会，只有懂得与人分享，才能得到别人的信任、支持和尊重，所以父母应当培养孩子慷慨、大方、谦让的美德。

由于家庭教育的缺失和父母的溺爱，导致很多孩子变得自私，不愿意与人分享，这对于孩子将来步入社会、融入集体是非常不利的。

在现实生活中，不愿与人分享的孩子有很多，这虽然不是什么大毛病，可如果什么都不愿意与人分享，事事霸道，那么很难形成良好的人际关系。所以培养孩子的分享意识至关重要。

2. 为孩子营造和善、友爱的家庭氛围

当父母对孩子没有耐心的时候，常常会冲着孩子大吼大叫，甚至会让孩子"滚！"等到孩子稍微大点儿，就会和父母顶嘴，时间久了，孩子也形成了霸道的性格，逐渐形成悲观、消极、浮躁、骄傲、自大、自卑、偏执、极度、仇恨等负面情绪。它们如同愁云惨雾中的阴霾一般消逝着孩子的意志，炙烤着孩子的心灵。

反之，氛围和善、友爱的家庭，孩子的身上就会多一份责任感，能体会到家长的艰辛和不易，这样的孩子也更能积极向上，懂得体贴人，不会出现霸道的情况。

3. 鼓励孩子交朋友

每个孩子的童年都有那么几个能玩到一起的好朋友，结交朋友是最普通不过的行为，同时也是至关重要的情谊。在交朋友的过程中，孩子可以认识到自身缺点，懂得从朋友的角度去思考问题，逐步克服霸道的缺点。家长一定要让孩子明白，友谊是自己一生的财富，而"霸道"是友谊道路上的绊脚石，只有懂得为他人思考的人才能拥有更多的朋友。

细察孩子孤僻成因，给予悉心疗愈

　　对于成年人来说，活泼、开朗、阳光的人更受大众欢迎，孩子也是如此。合群孩子的知识范围、表达能力、人际交往等均比性格孤僻、不喜欢交往的孩子高很多。现在的孩子，大多为独生子女，被家长娇惯的孤僻、任性，独来独往惯了，心中只有自己，不愿为他人着想。这样的孩子，即使长大后也难以同他人合作，适应不了社会的发展，对其领导能力的培养非常不利。对于这类孩子，家长应当想办法让其远离孤僻。

　　戴兴卓今年 8 岁了，非常倔强、任性，不怎么听话，平时在家中很活泼，也很爱说话，可是一旦走入陌生的环境，就会显得非常排斥。妈妈让她叫人，她也不叫。妈妈带着戴兴卓去别人家串门的时候，她也是满脸严肃，一言不发，别人给他玩具或食物时，她也不接。只有妈妈亲手递给她的她才接着。妈妈带着戴兴卓去上学的时候，让她去和别的小朋友一起玩耍，她却一个劲儿地往妈妈的怀里靠。有好几次妈妈去学校接她放学的时候都看到她独自一个人背着书包走向校门口，而其他小朋友却三三两两地聚在一起。老师教同学们做体操，她从来都不做，只是站在原地一动不动，不管老师怎么说，她就是不跟着做。老师问戴兴卓问题的时候，她不是不说话，就是声音小得只有自己听得到。妈妈因为女儿的孤僻非常苦恼。

案例中的戴兴卓就是典型的孤僻、不合群性格的小朋友。这类孩子主要表现为以下几点：第一，言语、认知方面出现异常。主要表现为：从2岁后便开始不爱讲话，不爱同他人接触或交往，对他人的呼喊无反应，不喜欢同人打招呼。第二，社交能力、行为异常。主要表现为：对亲友没有亲近感，缺乏社交方面的兴趣、反应，不喜欢与同伙伴玩耍。那么家长该如何引导孩子走向积极开朗呢？

1. 鼓励、引导孩子关心他人

心理学家认为，儿童个性发展、社会化过程之实现，皆离不开人和人之间的相互作用。家长应当鼓励、引导孩子关心他人，在潜移默化中影响孩子与他人之间的关系，这利于良好个性的形成、发展，有益于克服孤僻性格。

2. 以身作则，给孩子创造良好的家庭环境

如果孩子从小就能够同家人和睦相处，父母关心孩子，孝敬长辈，相互之间关爱、关心，孩子自然能够从这种气氛中学到如何与人和睦相处。在这种气氛下，家长应当教育、引导孩子与人平等相处，对邻居、客人热情、谦虚、有礼，千万不能让孩子养成以自我为中心的心态。家长应当避免处处围着孩子转，使孩子凌驾在父母之上。同时，家长应当注意尊重孩子，不能随意打骂、训斥孩子等，让孩子在友爱的环境中健康成长。

3. 让孩子多参加集体活动

家长不能因为担心孩子的安全问题一味将孩子关在家里，要让孩子多出去参加集体活动，与同龄的小朋友接触、交往，让他在这个过程中学会如何与人和睦相处，并且克服独生子女独来独往的缺点。有

些家长可能会说，我们家的孩子比较瘦小，与同龄小朋友相处难免会吃亏。这类家长常常只顾自己的孩子，表面上是关心孩子，其实却让孩子丧失了在群体活动中锻炼的机会。

4.鼓励孩子多交朋友

多数性格孤僻的孩子都存在胆怯心理，不愿意交朋友。而心理健康的孩子大都有自己要好的朋友，孩子在同其他小朋友交往的过程中，家长应当教育让他要拥有宽容之心，与其他小朋友彼此信赖、尊重，进而培养出其团结合作的精神。对于那些喜欢捣乱、逞能、惹事的孩子，家长应当及时制止、纠正，这样，孩子才能逐渐融入集体之中。在这里提醒家长，对于性格异常孤僻的孩子，应当采取一定的措施予以矫正。比如，孩子一直不愿意接受其他小朋友的邀请，偶尔接受时，家长应当予以鼓励。平时多鼓励孩子与其他小朋友交往，欢迎小朋友到家里来玩等。

孩子都爱依赖，你要设法拒绝

很多父母对孩子的事情特别用心，孩子的一些事情，都是父母提前就处理妥当了，也不需要孩子操心。如果一些事情让孩子做，孩子却没做，这是孩子过分依赖家长的表现。父母应该注意：如果孩子能够自己完成的事情，不要再帮孩子处理。让孩子早一点在自己的能力范围内变得独立。否则，孩子就会因为依赖而变得懒散、拖延。

我们来看看这位妈妈的苦恼。

我儿子都上小学五年级了，可还是什么都不会做。每天晚上，我都要帮他把书包装好，早晨起床，他就会坐在那里等着我给她穿衣服，有时他不爱吃饭，还得我喂他吃。晚上学习时也是，一会妈妈这，一会妈妈那，比如"妈妈我本子找不到了"、"妈妈，我这道题不会，你给家教打个电话吧！"

以前，我想多帮孩子做点事，让他有更多的时间学习。确实，孩子学习成绩一直很好，上次又考了全班第一，这也是我一个小骄傲，可是孩子处处依赖的性格也确实成了问题，外套得我给脱，脚得我给洗，牙膏得我给挤……有时，我想让他自己干，我刚一考口，他立刻就反驳过来："妈妈，我又给你考了全班第一，作为奖励，你也应该给我洗脚吧？"说完还又添上一句，"谁让你是当妈的呢？你以为当别人的妈那么容易呀？"

我听了都被气笑了，儿子现在伶牙俐齿得很，处处跟我顶，我都说不过他。孩子今天这样，扪心自问都是我惯的，我也知道这样下去对孩子的成长很不利，可我该怎么做呢？

不少父母都像上面这位母亲一样"心太软"，恨不得所有的事情都替孩子做好，对孩子的一切大包大揽，结果让孩子患了"软骨症"和"依赖心理"，给以后的生活造成了巨大的障碍。拒绝孩子的依赖心理，应成为父母最重要的一堂必修课。

有的父母抱怨说："每次我离开孩子，他都要不停地哭闹。"这种情感上的不舍，其实是孩子依赖心理的开端。情感依恋是典型的心理依恋，长此以往，孩子就会变得离不开父母，对外界的一切感到不适。

很多孩子上了初中、高中，甚至大学，生活自理能力都很差，还需要母亲一路陪读，这样的例子被很多父母引以为戒。不过"冰冻三尺，非一日之寒"，孩子这种可怕的依赖性可能在孩子刚出生时，就被父母不知不觉中宠出来了。

当然，孩子依赖值得相信的人，这是很正常的。年纪越小就越是如此，尤其是父母在身边的话，孩子会觉得很有安全感，因为父母会像大山一样为自己遮风挡雨。这类孩子不相信自己的能力，自己做事难以做决定，父母应该多关注一下这个问题。

有些孩子只会在特定的情况下表现出依赖性，比方说，一些孩子平时在幼儿园可以自己穿鞋子，但是一到妈妈面前，他们就不能自己穿了。有些孩子，自己可以处理好一些事情，但是遇到更难处理的事情时，他们就不会去尝试，转而向大人求助。也有的孩子自信心不足，觉得无论做什么事情都会失败，所以干脆不去做。

这种依赖性和无力感，和年龄的大小并不相关。父母所需要做到的，就是尽快培养孩子的独立性。因为如果到了青春期，孩子们的情绪会更加不稳定，那时候再培养他们的独立性就难上加难了。

如果一个人在生活和工作中总是依赖别人的呵护与帮助，即便他具有再强大的本领，也只能是在激烈的竞争中不堪一击。所以，独立能力是具备竞争力的必备前提。所谓独立，就是能够主动地发现问题、解决问题，并在任何形式的对抗中掌握控制的权力。独立是一种基础生存能力，是塑造自我、完善自我的首要条件。

对于孩子来说，独立解决问题的能力对于他的成长和发展来说是至关重要的。俗话说："温室里长不出参天松，庭院里练不出千里马。"这个道理虽浅显，蕴含的意义却很深刻。试想：如果我们的孩子 3 岁还不会自己上厕所、4 岁还不会自己换衣服、5 岁还记不住家的方向，那么，就算他能识字上千、背诗百首，人们能承认他是"天才"吗？这样的孩子长大后又会怎样呢？这样的例子在历史上其实比比皆是，许多"天才神童"在长大成人后沦为平庸之辈，甚至丧失生活能力者并不少见。现实生活中，有不少父母认为，孩子还小，自己做事有危险，等到孩子大了，到一定的年龄，自然就会懂得独立。以至于很多孩子到四、五岁时还不会自己穿衣服，遇到什么事情都要依靠父母。而事实证明，越早独立的孩子，长大后的自理能力越强，也更能适应现代社会的激烈竞争。

要杜绝孩子的依赖性，父母就应该致力于培养孩子的独立能力，父母要引导孩子做力所能及的事情。父母不应该在孩子遇到困难要求帮助的时候就代劳，而是要给孩子适当的鼓励，比如说"妈妈相信你能做好""这点小事难不倒我们家的男子汉"等，让孩子受到刺激和鼓励，积极地去独立完成。

那么，试着让上孩子自己去完成以下事情吧：

每天确认并准备好要带的物品；

每天早晨自己整理好被褥；

事先准备好上学要穿的衣服；

每天进行一些兴趣爱好活动（乐器、运动等）；

按时完成作业；

把要洗的衣服装进洗衣篮里；

自己的房间自己清扫；

和妈妈去买菜；

垃圾分类处理；

一周给花草浇一次水；

总之，爸爸妈妈应该在孩子能力范围内，给他们自主选择的权利，给孩子适合他们年龄的任务。当孩子主动去做并完成得很好时，家长可以给予一定的奖励。需要注意的是，不能够养成孩子只要做事情就给钱作为奖励的习惯，那样孩子会期待他们做的所有事情都能得到零用钱。

如果孩子想自己尝试，父母没必要总是事无巨细地关心。放手让孩子去做，就是给孩子一个机会，让他在自己动手尝试中获得经验教训，以便将来更好地解决问题。这种经验对孩子来说可能是成功的，也可能是失败的，但不管是成功还是失败，它们都会在孩子今后的生活中发挥重要的作用。

第二章

梳理负面心理，还给孩子心灵健康

让孩子学会自己解开心理困惑

孩子在成长的过程中，常常会遇到这样或那样的问题，面对这一系列的问题，孩子自己解决不了，也无法从心底里过了这个"坎儿"，就会选择逃避，或者沉默。

张栋今年 11 岁了，成绩优异，性格温和，老师和同学都非常喜欢他。但是有一天，张栋放学回家之后突然把自己关在房间里不说话，一直到吃完饭的时候也不见走出房门。妈妈敲了敲张栋的卧室门后轻轻地走了进去，问道："不饿吗，儿子？"张栋没有说话，只是摇了摇头。妈妈很是疑惑，一定是出了什么事，儿子平时回家会和自己说很多学校里的事情，今天怎么沉默不语了？

妈妈也没有催张栋出去吃饭，而是坐在他旁边，对他说："我知道我儿子很优秀，老师和同学都很喜欢他，我自己也是这么觉得的，只是有的时候可能不是所有人都能看到我儿子身上的优点，就像妈妈做菜很好吃，可是这件事只有爸爸和张栋两个人知道，唉。"说完，妈妈还故作失望地叹了口气。张栋"扑哧"一声笑出了声，开口说道："明明是爸爸做饭好吃好不好？""哈哈"，妈妈也跟着笑了起来，随后柔声问道："告诉妈妈，今天学校里发生什么事了让你这么不开心？"

张栋微微低下头，说道："马上就要开运动会了，班上竞选领队，我没被选上，以往每次我都是领队，妈妈，是不是班上的同学不喜欢我了？他们为什么不选我？"妈妈温柔地抚摸着张栋的额头，轻轻地把他搂在怀里，轻声说道："每年总是你，现在换作其他同学也好了，你从来都没有体会过在队伍中和大家一起保持队形的责任和使命感，不管你站在哪一个位置，只要站好自己的岗，都是最棒的！"听了妈妈的话，张栋重重地点了点头，从妈妈的怀里站起身，拉着妈妈的手说："走，我们去吃饭，明天我还得站方队去呢！"母子俩相视一笑。

从案例中不难看出，和谐的母子关系对于孩子的后天成长而言至关重要。父母应当懂得随时关注孩子的情绪变化，在孩子出现烦恼的时候成为孩子的知心朋友，及时帮助孩子梳理心理困惑。

孩子步入校门之后，有了一定的学习任务，在班级之中有一定的职称和责任，他们的身体在茁壮成长的同时，情绪和心理也在随之变化，这些都会让他们在无形之中产生很多烦恼。如果家长不理解孩子，认为孩子封闭内心是错误的，通过粗暴的方式干涉孩子，孩子就会更不愿意和家长沟通、交流。

在孩子成长的过程中，家长一定要帮助孩子疏解成长过程中的烦恼，体谅孩子的情绪，让孩子畅所欲言，可以从以下几方面着手：

1.理解、信任孩子，找出孩子产生烦恼的原因

每个父母都很爱孩子，只是他们的教育方式各不相同，才导致孩子后天形成不同的性格，做不同的工作等。有的孩子长大之后和父母相亲相爱相敬，而有的孩子却和父母相离相仇相厌，这就是教育方式的不同导致的。作为孩子的父母，首先要了解自己的孩子，关注孩子

的成长过程，只有找出、理解孩子烦恼的根源，才可以对症下药，解决孩子遇到的烦恼。

2. 鼓励孩子，拉进自己和孩子的距离

鼓励孩子，加强亲子关系，或者经常带孩子出去散心，让孩子感受家庭的温暖，拉近彼此的心理距离，这样孩子在遇到问题的时候就会更愿意向你倾诉。

3. 给孩子表达自己想法的空间

父母不能总是压制孩子，而是要努力成为孩子的朋友，倾听孩子的心声。孩子越大越难以沟通，这是绝大多数父母的感觉。那么出现这一现象是什么导致的呢？因为父母总是在孩子面前摆出一副"我是家长"的架子，只要孩子做的事是自己不能接受的，不管对错，一味地压制，孩子怎么可能愿意和你沟通。聪明的父母应该引导孩子发表自己的意见，畅所欲言。

4. 尊重孩子，平等交流

父母应该学会和孩子聊天，而不是以成人的姿态嘲笑孩子的幼稚，常常表现出对孩子的言论不屑一顾，因为这样会导致孩子不再愿意和你交流。家长应该从理解、尊重孩子的角度出发，和孩子平等交流，这样孩子才更愿意和你说出自己内心的想法。

教会孩子合理疏导自己的愤怒

每个人都会有生气的时候，孩子也一样。有时，"人小脾气大"的孩子着实让父母抓狂，真想朝着发怒的孩子打几下，可又担心孩子会因此而形成心理阴影。究竟该怎么做才能教会孩子平息怒气呢？

韩舟已经 7 岁了，是个非常聪明的孩子，父母的工作很忙，经常把他放到托儿所，一放就是一整天，有时候放学了，看着其他小朋友陆陆续续离开学校，韩舟却只能继续待在教室里，等到晚上七点妈妈来接自己。

韩舟的脾气不怎么好，每天早上妈妈把他送到教室的时候他都会大哭大闹，抱着妈妈的腿不让妈妈走，一直等到快要误了上班时间的时候妈妈才离开。老师过去抱他的时候他就会对老师又踢又打，嘴里还大声吼着："走开，你们都走开。"每当有人想和他分享他的玩具的时候，他也会冲着其他小朋友大吼："走开、走开！"如果别人过去和他一起玩，他就会把自己的玩具摔碎，甚至殴打其他小朋友。学校里的同学和老师都非常发愁，爱发脾气的孩子很多，可是像韩舟这样发起脾气直接打人、骂人的情况还是很少见的。

后来老师们了解到韩舟父母工作繁忙，每天见到儿子的时间也就是晚上的几个小时，所以对孩子百般宠爱，不舍得打骂，甚至不舍得批评，他在家里像个小皇帝一样，想干什么就干什么，这才促成了韩舟爱发脾气的不良性格。

很明显，案例中的韩舟是被父母宠溺久了的不肯和任何人分享的"小气鬼"。要知道，一个心理承受力强、情绪稳定、意志力坚定、积极进取的孩子才是未来社会的佼佼者。而一个心理承受力弱的孩子只会在达不到自己目的的时候乱发脾气。孩子小的时候乱发脾气有父母替他"买单"，那么长大之后呢？恐怕只能是自己为自己的行为"买单"了，那种后果很可能是孩子所不能承受的。那么家长该如何教孩子平息怒气呢？

1. 给孩子安全感，减少愤怒的机会

研究表明，有归属感、安全感的孩子很少生气，他们虽然也会愤怒，但总能很快控制情绪，不让愤怒将自己变成"喷火龙"。归属感与安全感来源于和谐的家庭氛围：夫妻和睦，家庭生活幸福平静，良好的亲子关系可以帮助父母了解孩子，避免经常点燃孩子的怒气。而缺乏安全感的孩子常常会产生失望和失落感，一旦遇到不如意的事情，这种失望、失落就会演变成怒火。

2. 多和孩子沟通，避免愤怒情绪累积下去

家长应该多和孩子交流，让孩子意识到，不满情绪可以通过交流得到平复。父母应该学会做个好的倾听者，表现出理解和认同，而不是以高高在上的姿态对孩子的行为进行评判。比如，当孩子由于不能随意看电视而大发脾气时，父母不应强行关掉电视一走了之，而应该坐下来和孩子聊聊："你为什么想看电视？""这个节目有什么吸引你的地方？""你知道我们为什么不愿意让你看电视吗？"……耐心倾听孩子的理由，你就会发现他由于愤怒而变得通红的脸蛋正在逐渐恢复常

态，不再继续大喊大叫。如果一次谈话无法解决所有的问题，应当养成和孩子交流的习惯，让孩子觉得自己的情绪可以被理解、尊重，这样孩子才不会经常通过发脾气进行抗议。

3. 笑一笑，怒气消

当怒火让气氛变得有些僵硬时，家长不妨通过幽默和笑声转移孩子的注意力，比如，孩子在公园和小伙伴儿玩儿得开心的时候，你因为到了该吃饭的时候想要带他回家，孩子一路上都撅着嘴生闷气，不和你说话，此时你不妨指着路边的金毛对孩子说："你知道吗？金毛是一种笨笨的狗，不管是家人还是陌生人，它都会给开门，而且，它从来不会'汪汪汪'地叫。"孩子很可能会被你的话吸引，怒气也消失了一大半。

4. 控制自己的怒气，做孩子的榜样

如果你经常用大喊大叫，甚至通过摔砸东西来发泄怒气，孩子也会学着你的样子发火。应该制定家庭纪律——谁都不能随便发火、不大喊大叫、不迁怒别人、不生闷气、遇事坐下来好好商量……

5. 不做完美主义者，学会接受失败

很多时候，愤怒是由于要求没能被满足或愿望没能实现，让孩子从小就明白这世上是没有完美的事的，遇到不如意的情况时，要以平静的心情对待。家长平时多自嘲所犯的错误，对不尽如人意的事一笑了之，对自己、别人多一分宽容，孩子在这种氛围下耳濡目染，就会逐渐变得豁达平和。

培养抗挫心理，给予孩子战胜挫折的勇气

　　这个世界上不可能总是一帆风顺的。孩子小的时候有父母、爷爷奶奶照顾他，但是等他长大，步入社会之后，很多问题都独自去面对，如果没有勇敢的精神，不能独自去面对、解决这些问题，是很难顺利走向成功之路、发展自己的事业的。

　　现实生活中，孩子摔倒在地，父母会立即跑过去扶起孩子；孩子玩耍时不小心磕破了膝盖，父母就会减少孩子玩耍的次数，规定孩子玩耍的范围，将危险的发生率降到最低；孩子喝牛奶的时候洒在了衣服上，父母就会端起杯子喂孩子喝奶……这些做法表面上体现上父母对孩子的疼爱，实际上，父母这样做是在无形之中剥夺了孩子动手的机会，孩子会在不知不觉中变得自卑而无能，丧失探索的欲望和尝试的勇气。

　　孙刚的父母从小就非常重视对孩子素质的培养。在孙刚的成长过程中，只要是孙刚可以独自解决的事，父母都会让他独自去面对，让他在克服困难的过程中变得更加坚强。

　　记得孙刚 7 岁的时候，妈妈带着孙刚到动物园去看猴子，当时孙刚的手里拿着妈妈刚给他买的"小小酥"，孙刚拿在手里还没吃两颗，猴子就"嗖"地一下子吊在笼子边上，一把抢走了孙刚手中的"小小

酥"，孙刚被吓得先是一愣，随后就"哇哇"大哭起来，妈妈也心疼，可她明白，如果自己一味地安慰儿子，那么以后儿子不管遇到什么突发状况都只能通过哭来解决，妈妈对孙刚说："没事的，小猴子只是调皮地抢走了你的'小小酥'，你并没有受伤，而且还和小猴子近距离接触了，对不对？"孙刚一听妈妈的话，抬头看向笼子里，猴子正抱着"小小酥"吃得津津有味，看着猴子搞笑的吃相，孙刚竟然破涕为笑。

孙刚10岁的时候，和爸爸妈妈一起到坝上草原去旅游，那是孙刚第一次进火车站，谁知，爸爸妈妈却在售票大厅等着，让孙刚独自进去查询火车车次、购票。孙刚的爸爸妈妈从未说过"孩子还小，交给我处理就行了"之类的话。

孩子害怕困难，不能承受挫折，那么他长大之后要怎样面对这个激烈竞争的社会？没有哪个父母可以保护孩子一辈子，保证孩子一生不经历挫折。孩子遇到困难的时候，可能会变得消极，出现退缩的反应，希望家长能帮助自己。可家长不能因此而帮助孩子解决本该他自己去解决的问题，一定要在孩子遇到困难时鼓励其勇敢地面对困难，同时想办法克服困难。等到孩子一次次经受挫折、战胜挫折时，他的意志力、勇气就会大大提升，战胜困难的愿望就会被激起，害怕、逃避困难的心理就会消失，自信也会随之提升，孩子克服困难的勇气、能力就会被培养起来。那么父母该如何培养孩子的抗挫意志力呢？

1.父母坚强，孩子也会变得坚强

父母是孩子的启蒙老师，也是日常生活中给孩子潜移默化的影响最多的人。父母如何看待人生挫折是对父母人生态度的考验，其次就是对孩子的影响。如果父母在面对挫折的时候拥有积极乐观的态度，将挫折看成人生的新契机，那么孩子就会在家长的影响下敢于直面人生的各种挫折，用积极的心态迎接各种挑战。反之，如果家长在面对挫折的时候悲观消极，逃避限制，不仅会降低自己在孩子心目中的威信，而且不利于教育孩子正视挫折。

2. 懂得放手，让孩子自己去做

人生道路磨难重重，谁都不可能一帆风水，往往人生经历的挫折坎坷比平坦道路更多，孩子还小，未来要面对复杂多变、竞争激烈的社会，因此，家长应该从小让孩子学习面对逆境和挫折的本领，千万不能替孩子包办一切，从而导致其丧失锻炼的机会。

3. 鼓励孩子勇敢面对现实

不管在任何时候，孩子都需要父母的鼓励和支持，发生挫折，家长应当鼓励孩子冷静分析，沉着应对，找出解决挫折的有效方法。家长平时要和孩子共同探索战胜挫折、克服消极心理的有效方法，帮助孩子进行自我排解和疏导，进而将消极情绪转化成积极情绪，增添其战胜挫折的勇气。作为父母，应该懂得让孩子去独当一面，成为一个敢于面对逆境和挫折的人，让孩子从现在开始从容面对，而不是无奈逃避，让孩子了解到挫折是生活的一部分，懂得正确看待挫折，孩子才可以迅速、健康地成长起来。

帮助孩子摆脱失败综合症

失败，这对于孩子来说，简直是非常常见的事情。由于连续的失败导致对自身失去信心的现象，在心理学上被称为"失败综合征"。所谓"失败综合征"，即这种失败并不是由于自己缺乏能力，而是来源于心理上的原因，或者根本没有努力而遭受失败。

然而，面对孩子的失败，做父母的你，是怎么帮助他的呢？打骂？无休止地唠叨？这样的方法，能够帮助孩子走出困境吗？

在具体分析这个问题前，还是让我们来看看，孩子为什么容易掉入低谷吧。

1. 孩子在学习的过程中反复失败，这种反复失败的经历可能使孩子感到自己永远也走不出失败这个圈子了。大多数孩子一开始的时候，对自身的能力充满了自信，对自己定下很高的目标。但是，孩子一次又一次没有达到目标，他就可能体验到挫折，会感到对生活环境和学业都无能为力，无论他们如何努力，也无法改变自己的命运。久而久之，他们就会体验到无助感，并放弃努力。

2. 孩子对成功和失败的原因得出了错误结论，形成了认识上的偏差，也会导致"失败综合征"的形成。有"失败综合征"的孩子与其他孩子有一个明显的差别，那就是他们对自己的成功有一种"宿命"

的观点，感到成功与失败不是自己能够决定和改变的，而是由外部的、自己无法控制的因素决定的。

3. 父母对孩子的不良评价也会导致她们的"失败综合症"。父母诸如这样的语言都会对孩子的内心产生极大的影响——"连这个都不会，你真笨。""我看你是无可救药了。""你这种成绩，真把我的脸都丢尽了。""你看隔壁家的朱力，你为什么就不能像她一样？"

毫无疑问，这些令人泄气的话对孩子的自信会产生很大的影响。往往孩子的思维是比较简单的、具体的，他们会很大程度地相信成人说的话。如果父母说他笨，孩子可能就会信以为真，认为自己不聪明。总之，父母的消极评价会大大打击孩子的自尊心，使孩子对自己丧失信心，使他们怀疑自己的价值。

让我们来看看下面这件事。

小娟是个聪明的女孩，小学时学习成绩优异，很受大人们喜欢。然而到了初中时，这一切却全变了。

原来，初中的课程不同于小学，一向风光的小娟，此时突然有些迷茫。刚开学，一次小测验她就考砸了，这让她觉得很失面子，从此开始怀疑自己的能力。随后的学习中，她积极努力过，可还是收效甚微。

中学的课程，让小娟感到了极大的不适应。每次考完试，她都担心会出现以前的情况。可就是很怪，越是担心发生的事情越是发生了。经过几次考试后，她再不能如小学那样风光，三好学生不再有她，学习课代表没有她，单科竞赛得奖也没有她，她感到处处不如人，也从父母和老师的眼神中看到了失望。

一次次的挫败中，小娟丢掉了自信，对自己的能力产生了怀疑，学习热情也因此提不起来。好几次，妈妈找她谈话，问："娟娟，你最近这是怎么了？为什么学习效率这么低？"

小娟吞吞吐吐地说："妈妈，我这几次考试总是考砸，我是不是个废物啊？我觉得我怎么都提高不了。"

妈妈看着小娟，很想给予她帮助。可是，究竟该怎么帮她呢？妈妈打过她，骂过她，可事实证明，这些极端的做法，反而让小娟更加无助和落后。

像小娟这样的孩子，现实中还有很多。他们有一个共同的特点，那就是在一开始的时候，都会对自身的能力充满了自信，对自己定下很高的目标。但是，因为一次又一次没有达到目标，在学习的过程中经历反复失败，最终感到自己对生活环境和学业都无能为力。久而久之，她就会在这种无助感中放弃努力，甘愿沦落下去。

更可怕的是，此时父母的批评，更成了孩子心理纠结的"助推器。孩子的思维是简单的、具体的，他们会很大程度相信把爸爸妈妈说的话。如果爸妈说她笨，孩子可能就会信以为真，认为自己不聪明。自身怀疑加上父母训斥，原本朝气蓬勃的孩子，一点点丧失了快乐的心境，丧失了对学习的兴趣，"失败综合征"成了他们最大的梦魇。这样的孩子不要说学习效率，就是成绩能跟得上，能健康快乐地生活，也几乎成了奢望。

面对这样的孩子，心急如焚的你，还在等什么呢？只有鼓励，才能帮助他们渡过难关。

1. 不要讽刺和挖苦孩子。父母之所以讽刺孩子，很大程度上是因为孩子犯了错，家长由此产生了一种"恨铁不成钢"的心态。但对孩子来说，他可以接受父母的批评，但却不能接受父母的讽刺。因为，此时的他心里也不好受，父母的挖苦，更会让他痛苦不堪。

2. 鼓励孩子参加课外活动。对于纠结于学习成绩的孩子，父母不妨让他多参加课外活动。这么做，就是要让孩子多一条"成功之路"，同时也是父母"爱心"的体现。孩子会觉得，尽管自己学习成绩不好，但爸爸妈妈还支持他的课外兴趣，表明爸爸妈妈并没有对他全面丧失信心，也表明爸爸妈妈还是爱他的，因此他自然会更加努力，报答父母的鼓励。

3. 引导孩子收获成功体验。孩子之所以患上"失败综合征"，正是因为太渴望成功的滋味。因此，父母不妨帮助孩子找到一门他比较感兴趣的学科，集中精力学好这一门学科，以此为突破口，让孩子感受到成功的乐趣和相信自身的能力。

总之，只要父母能多鼓励、多引导，那么孩子就会迅速摆脱"失败综合征"，重拾信心，焕发出孩子该有的蓬勃朝气。

消除自卑心理，让孩子喜欢自己

生活中，很多孩子都存在着自卑心理，他们看不到自己的长处，总觉得自己不如别人。他们对自己各方面的评价都很低，有的孩子甚至在父母面前也会感到自卑。这种自卑心理会给孩子带来极其严重的影响。试想一个瞧不起自己的孩子，遇到什么事情都不敢做，怎么能获得成功呢？因此，想改变孩子懦弱、拖延的毛病，家长们首先就应该想办法帮孩子建立起自信心。

君君是个 16 岁的女孩子，刚刚升入重点高中，她性格内向，有很深的自卑心理。妈妈抱怨说："我不知道这孩子一天到晚在想什么？别人的孩子都那样自信活泼，可我的孩子却……"君君到底在想什么呢？请看她的一段内心独白："上了高中后，我心里常被一些说不清、道不明的莫名其妙的感觉袭扰，并且越来越严重。有时心里空荡荡的，没着没落；有时又乱哄哄的，不知应该做些什么。同学们都在争分夺秒地学习，准备升学，可我听课时安不下心，作业懒得完成。我这样一个无用的人，将来能做些什么？升学，我能考上吗？经商，我哪有这样的天赋？靠弹钢琴挣钱养活自己，可我又哪有那么大的能力呢？同学们整天都在忙忙碌碌、紧张地学习，空闲时间还三五成群、欢呼雀跃地参加文体活动及各种竞赛，可我无论做什么事都犹犹豫豫、忧心忡忡，拿不定主意，经常因为害怕失败而退避三舍。我终日六神无主，心灰意冷，学习成绩不断下降，听课、写作业成了一种负担，只能靠画画打发时间。生活是这样索然无味，我真心希望自己将来能有所作为，至少成为一个能自食其力的人，可我又总是缺乏把一件事坚持做到底的信心，因为我不相信自己有做好一件事的能力。在同龄人面前，我总感到自己比别人矮一截，有时甚至觉得别人看我的眼神都是鄙视和冷漠的。像我这样一个多余而毫无价值的人，生活在这个世上还有什么必要？真不如死了的好……"

儿童心理学家告诉我们，孩子的自卑往往是由于自我评价过低导致的。一些自卑的孩子，往往认为自己处处不如人，这也不好，那也不行，比如这个故事中的君君，她就是把自己贬低的一无是处。而事实上，她既然能考进重点高中，起码她的学习成绩就应该不错；她会弹钢琴、会画画，说明她应该是个多才多艺的女孩子，但她却偏偏看不到这些，反而沉浸在自卑的情绪里。一个人认为自己是怎样的人比他真正是怎样一个人更重要，因为每个人都是按他认为自己是怎样的一个人而行动的。自卑者不能全面、客观地评价自己。他们往往拿自己的缺点和别人的优点相比，看不到自己的"长处"和"过人处"，却对自己的短处和缺陷妄加评判，形成消极的自我概念。这是一种认知悲剧。

那么怎样才能帮孩子建立自信呢？心理学家认为，要做到这一点，首先就得让孩子喜欢自己、悦纳自己。

1. 告诉孩子，不是只有你自卑

著名的精神分析家阿德勒曾说过，所有的人都有那么一点自卑，无论他是高官巨贾还是市井平民，概莫能外。也就是说自卑感是一种普遍存在的心理状态。其实适度的自卑可以使人认识到自己的不足之处，从而激发人奋发向上、拼搏进取。因此，自卑感及其对它的克服、超越，可以使人完善自我，是人走向成功的起点和桥梁。如果没有自卑感，也就没了进取心。其实人人都会产生自卑，只是程度不同而已。所以，要正确对待自卑，不要只看到自卑的危害，更不能因为自己自卑而自卑。

2. 引导孩子全面地评价自己，走出认识上的小误区

一些孩子在做自我评价时，往往只看到缺点，看不到优点，而且有时评价得也不够全面。比如，孩子常会这样说："我笨死了，学习成绩不好！""我不够聪明，总是反应慢！"其实评价应该是多角度的，不能只看学习成绩。孩子应从以下几个方面分析评价自己：①学习能

力，如观察力、记忆力、思维力、创造力、想象力和实践能力；②特殊能力，如绘画、音乐、书法、写作、体育运动等；③学习态度方面，如兴趣、爱好、勤奋、竞争意识和独立性等；④人品和个性特征，如自我控制和自我调节以及道德品质、理想信念等。父母可以引导孩子自评和他评，让孩子列举出自己的优缺点，把它们写在一张卡片上；再请其他的同学在另一张纸上列出孩子的优缺点，两者比较，以得出比较客观的结论，并提醒孩子多注意自己的优点，增加自信心。这样孩子就会欣喜地发现，原来自己有那么多的优点，并不是一无是处的。

3. 教孩子一招自卑补偿法

父母应教育孩子在遇到挫折的时候，从多角度辩证地看问题，形成"合理化认识"。如，当考试成绩差时，可以强调考试时临场发挥不好或考试环境不利等其他外在原因，以减轻自身的压力。同时要教孩子利用自卑补偿法和转移等心理防御机制以保持心理完整或平衡，认识到某一方面的缺陷和不足可以通过其他方面的完美和丰富进行补偿和纠正。通常可以使孩子从两个方面进行心理补偿，一是以勤补拙。如果某方面的不足，是由于自己努力不够而潜力没有充分发挥，那么就以最大的决心和毅力去使缺陷变为完美。二是扬长避短。如长相平平，就可以用优异的成绩来补偿；学习一般，可以通过训练，诸如书法、雕刻、绘画、音乐等获得他人所不及的特殊能力。"失之东隅，收之桑榆"，理智地对待缺陷，寻找合适的补偿目标，从中汲取前进的力量，就能把自卑转化为一种奋发图强的动力。

4. 让孩子多给自己一些积极的暗示

著名心理学家莫顿曾提出"预言自动实现"的原则，认为人们具有一种自动实现预言的倾向。他相信，在我们的眼睛面前，长期而稳定地放着一幅自我肖像，我们会与它越来越接近。所以，如果我们把自己想象成胜利者，将带来无法估量的成功。当感到信心不足时，孩子应该给自己进行积极的自我暗示，把"没什么可担心的，我也行"、"我一定能成功"之类的话写下来，或者大声说出来。

父母应帮助孩子重新认识自己，不要只盯着缺点不放，当孩子开始喜欢自己、接受自己时，他们也就成功地远离了自卑。

孩子心灵稚嫩，谨防消极心理来侵害

孩子的世界虽然不像成人的世界那样复杂，但同样有自己的喜怒哀乐，家长在允许孩子表达自己的积极情绪的同时，也接受孩子表达自己的消极情绪。

毛毛是个爱动脑筋的孩子，几个月前，他在电视上看到了一则有关围棋的节目，瞬间对围棋产生了兴趣，吵着让妈妈给自己报班学习围棋，妈妈对毛毛说："我可以给你报班，但是你要坚持学下去。"毛毛连忙点头答应下来。从那之后，毛毛开始了自己的围棋之路，连续学习一段时间之后，在对弈的过程中，毛毛基本可以打败班上的所有同学，有时候就连大学毕业的爸爸也会输给他，毛毛身为自得。

一天，家里来了一位叔叔，叔叔看到毛毛在摆弄围棋，便询问道："你会下围棋吗？"毛毛使劲地点了点头，那位叔叔继续问道："跟我下一局怎么样？""好啊！"毛毛应声而下。拿出自己的棋盘摆起了棋子。可是连下三盘棋，毛毛都输给了那位叔叔。妈妈见了，笑着说："小孩子就是小孩子，下棋的时候总是考虑不周全。"那位叔叔却说："毛毛能下成这样已经很不错了。"妈妈回答说："他就是瞎玩，下不好。"妈妈不知道的是，正是她这句随意的话打击了毛毛的自信心。几天之后，学校里组织围棋比赛，老师希望毛毛可以参加，可毛毛却拒绝了，事后老师在微信上和毛毛的妈妈提及此事，妈妈对此大吃一惊，围棋比赛不是毛毛一直以来期盼的"崭露头角"的机会吗？怎么就这么放弃了？回家之后，妈妈询问毛毛放弃围棋比赛的原因，毛毛却说："你不是说我只是瞎玩吗？我下不好，也不想参加比赛！"听到毛毛的这句话，妈妈不禁为自己几天前的话感到后悔。

很明显，案例中毛毛的消极情绪的出现和妈妈的话脱不了干系。毛毛妈妈的一句否定话语暗示毛毛围棋下得并不好。孩子的不自信、胆怯和家庭教育有着很密切的关系。经常听到有家长说："你看看×××的数学成绩考了满分。""你看××的英语成绩比你好太多。""你看×××怎么那么优秀？你怎么那么笨？"这些抱怨的话语让孩子相当敏感，时间久了，孩子就会以为自己真的是个无用之人，或者变得消极、胆怯。少数孩子可以在打击的过程中越挫越勇，到最后建立起优秀的品质，可大部分孩子都会由于父母对自己的抱怨和消极评价而变得不求上进。那么作为家长，该如何帮助孩子正确认识自我、树立自信、变得积极勇敢呢？

1. 不要抱怨孩子

家长要注意，在教育孩子的过程中一定不要将"你太笨了""你怎么就不能和××一样优秀""你怎么这么不懂事"等话语挂在嘴边。

要知道，孩子最讨厌的就是和别人作比较的话语。可能孩子原本在做某件事的时候就信心不足，需要鼓励，可是你的一句抱怨却将孩子打入谷底，变得更加怯懦。

2. 把批评和肯定结合起来

比如，孩子的英语成绩不好，你可以说"你的总体成绩很不错，就是有些偏科，英语还有发挥的余地。"而不是"你的英语成绩怎么这么差，你就是懒惰不愿意背单词！"两个虽然都带有批评的语气，但前者更容易被孩子接受。在孩子缺乏信心的时候，父母可以安慰孩子："别灰心，妈妈知道你已经尽力了。""只要你积极总结经验教训，妈妈相信你下次一定可以做得更好。"这种有建设性的检讨态度能让孩子不断进步，更有自信去和父母沟通问题，而且能积极改正，逐渐进步。

3. 做孩子坚强的后盾

在孩子遭受失败的时候，家长不该一味地指责，而是应该教孩子如何应对困难，告诉孩子任何人都不是完美的，都有长处和短处，只知道自己的短处不懂得发挥长处对自己不利。有的孩子极具绘画天赋，有的孩子在体育方面远远优于其他同学，在任何情况下，家长都应该鼓励孩子在自己擅长的领域充分发挥，从而树立自信心，健康成长。

要让孩子学会自己排解不良情绪

不要觉得自己的孩子脾气很好，没有负面情绪，实际上，孩子情绪的不稳定性远远大于成人。孩子闹情绪的时候父母应当进行适当的关怀和理解，而不是对其大声呵斥。教会孩子调节情绪，才能让孩子开开心心地处理所遇到的问题。

彤彤一直都是个活泼开朗的孩子，但是最近一段时间，彤彤显得不怎么高兴，整天闷闷不乐的。妈妈看出了端倪，趁着周末带彤彤到北京动物园去散心。看过小动物之后，彤彤的脸上终于有了笑容，妈妈借机将彤彤拉到一棵树下，在长椅上坐了下来，问道："彤彤，最近为什么总是闷闷不乐的？"彤彤低着头，边抓着自己的手指边说道："我和笑笑吵架了，已经好几天不说话了。"

原来，几天前，彤彤和笑笑一起做游戏，两人正玩得开心的时候，其他几位同学过来拉着笑笑去踢足球。笑笑开心地答应了下来，忘记了原本和彤彤说好的放学之后一起去吃蛋糕。彤彤很生气，第二天上学的时候不管笑笑和彤彤说什么，彤彤都不理睬他，后来笑笑也不开心了，和其他同学说彤彤小气，这下彤彤更生气了，和笑笑大吵了一架，决定和笑笑"绝交"！

妈妈爱抚地摸了摸彤彤的头，柔声说："笑笑那么做是不对，可是彤彤，你这样整天闷闷不乐不但会影响学习，还会影响自己的健康成长。你应该和笑笑谈谈，毕竟你们俩以前是好朋友，这其中一定有误会才会导致今天的局面。"

第二天上学，笑笑看到彤彤，脸上的怒气早就没了，取而代之的是羞愧之色，毕竟两个人是好朋友，无论如何都不该当着其他同学的面说彤彤小气。笑笑主动走到彤彤身边，结结巴巴地说："我……我……"彤彤拉着笑笑的手，说了句："我们和好吧！"就这样，两个好朋友又像以前一样一起玩耍了，脸上露出了灿烂的笑容。

孩子与人相处的过程中难免会发生不愉快，进而产生负面情绪，这种不良情绪必须找出发泄口，否则很容易影响身心健康。那么家长该如何帮助孩子排解不良情绪呢？

1. 宣泄法

恰当的宣泄，对于孩子的生理与心理都是非常有好处的。如果孩子心中的积怨和不悦长期压抑在心中，就会注意力不集中，精神失常，行为呆板，精神不振、人际关系紧张，严重的时候甚至会造成家庭危害。有些孩子闹事，出走，轻生，主要诱因就是不良情绪得不到宣泄。比如，孩子生气的时候，不妨带他去打篮球，几场球下来，内心的盛怒早就被汗水带走了。

2. 倾诉法

孩子心情压抑的时候，父母应该鼓励孩子将内心的不快倾诉出来。很多事虽然在成人看来不值一提，可在孩子心中却是举足轻重的，需要通过家长来指点才能从不快中走出来。你可以鼓励孩子向父母或朋友等值得信任的人倾诉。

3.转移法

案例中的彤彤不开心，妈妈就带他到动物园看小动物，以转移他的注意力，缓解内心的不快。如果孩子不开心或者遇到挫折，家长不妨将他的注意力转移到其他活动上，当他的注意力被吸引开之后，他就会忘记之前的不快。

培养情绪控制力，教出情商高的好孩子

任何人都有自己的脾气，孩子也不例外。孩子对自己情绪的控制能力较差，喜欢胡乱发些"小脾气"，有时候可能并没有什么异常，也不用进行特别的"控制"，大人通常对这种现象采取视而不见的态度，孩子的脾气来得也快，去得也快。此时如果父母对孩子加以控制，反而对孩子没有好处，只要孩子的脾气不是过于火爆，对他们不产生损害，即可随孩子去，这样一来，孩子就会发现，发脾气对自己并没有什么好处，这样孩子的脾气就会越来越小，逐渐减少发脾气的次数。

陈蓉今年10岁了，但是让父母有些头疼的是，孩子似乎没有以前那么听话了，动不动就耍小脾气。

周末，妈妈带着陈蓉到游乐园玩耍，玩过所有项目之后，陈蓉觉得有些累，就让妈妈背着，妈妈说："蓉蓉，你都已经10岁了，是大姑娘了，怎么能让妈妈背着呢？再说，妈妈也背不动你了啊。"陈蓉听到妈妈这么说有些不开心，一路撅着小嘴一言不发，径直走回家中。晚上吃饭的时候，陈蓉还在因为白天的事生妈妈的气，爸爸回家后看到女儿生气不吃饭，就想着过去劝劝，哪知妈妈拉住爸爸的胳膊说："别管她，她饿了就会出来吃的。"

当晚，妈妈做了陈蓉最爱吃的红烧肉，但是陈蓉并没有走出卧室的门，妈妈把红烧肉放在了饭煲里，饭煲就放在餐厅的桌子上。陈蓉有些诧异，自己这么久不出来吃饭，爸爸妈妈怎么一点儿反应也没有？她蹑手蹑脚地走出到餐厅，打开饭煲一看，发现是自己最喜欢的红烧肉，白天的怒气瞬间消失，立马拿起筷子大吃起来。饱餐一顿过后，陈蓉突然有些后悔起来，妈妈的身体一直不怎么好，自己白天还非要妈妈背着。知道自己晚上没吃饭，妈妈还把自己最喜欢的红烧肉放到了饭堡中，自己是多不孝顺啊。第二天，妈妈醒来的时候，一开门，门缝中掉下一张纸条，上面写着："妈妈，对不起。"

孩子逐渐长大之后，情绪会多变，独立意识逐渐增强，此时的孩子的情绪跌宕起伏。前一秒还活泼开朗，后一秒就闷闷不乐了。那么家长应当如何帮助孩子学会控制情绪呢？

1. 尽量做到让孩子在合理范围内有充分表达情绪的权利

孩子已经可以充分、合理地表达自己的情绪时，说明他的心理发育基本健康，可孩子毕竟是孩子，他的情绪表达方式难免会出现偏颇，有时会出现对自己和别人都不利的行为，比如，孩子发脾气是由于和其他孩子发生争吵、打架，可能会使自己或对方受伤；孩子与家长或老师发生冲突，是自己不礼貌的表现；孩子发脾气的时候情绪激动、摔砸物品是不理智的表现。

遇到上述情况，父母应当采取一定的措施对其严厉制止，让孩子明白发泄情绪是有界限的，自己发泄情绪伤害到他人的利益，或是损害物品都是不对的。孩子年纪大些时，父母应当尽量鼓励孩子表达自己的情绪，让孩子明白，任何问题都可以通过讲道理解决，不能没事胡闹、乱发脾气。

2. 和孩子谈心，帮助孩子解决问题

生活中常常会发生不愉快的事情，这些事情容易影响到孩子的情绪，特别是孩子遭受挫折的时候，会出现沮丧、抑郁等。比如，孩子考试成绩不理想，担心家长责备、同学歧视，变得话少、紧张、沉默，若孩子可以短时间内调节过来，家长就不需要担心了。若经过一段时间后孩子的情绪仍然不佳，家长就要进行干预，帮助孩子分析其中的原因，找出原因后不能过分批评孩子，而是要鼓励孩子日后更加努力，做好功课，考试过程中检查好答案。

家长可以告诉孩子，一次考试的成绩的不理想并不能说明太多问题，也不能代表一个人的智商，老师不会因此看不起你。家长可以将孩子的期望值放低些，不能总是要求孩子在前三名的位置上。经过上述疏导，孩子的心境就会越来越趋向平和。

3. 告诫孩子不要情绪低落，也不能骄傲自满

有的孩子可能在某一方面表现得非常出色，并且受到了某种奖励，孩子此时表现得非常高兴是可以理解的。对孩子取得的成绩予以表扬，能够激发孩子积极进取的心态，但是家长们不要忘记提醒孩子，骄傲自满是错误的，为人要谦虚才可取得更好的成绩，与人更加融洽地相处。

4. 让孩子体验情绪，洞察别人的情绪

年纪稍微小点儿的孩子都非常喜欢做游戏，他们可以在丰富多彩

的游戏活动中体验自己的情绪，感受他人的情绪，了解自己和他人的需求。除了父母和孩子要交流自己的情绪感受外，还可以通过编故事、角色扮演与孩子讨论故事里面的人物感觉、前因后果，同时利用周围的人、事物去引导孩子设想自己的情绪与想法。孩子可以通过他人的情绪反应逐渐领悟到积极情绪带给自己和对方的快乐、消极情绪带给自己和对方的痛苦。

5. 父母不要忽视自己的榜样作用

想要让孩子养成好的情绪表达习惯，父母应首先做到反省自己的表达方式，因为父母对孩子的影响是非常大的，孩子很容易模仿父母的言行。

父母对孩子的态度是粗暴的，为一点儿小事就训斥孩子，孩子对事情没有解释、发言的权利，久而久之，孩子就会缺乏用语言表达情感的机会、能力，很可能会学着父母的样子粗暴地对待别人，对孩子未来的健康成长构成威胁，不利于孩子日后的生活、事业。

第三章

及时扫除心理阴霾，让孩子
向着阳光生长

别让恐惧心理笼罩孩子的童年及未来

　　每个人的胆量都是不一样的，有的胆大，也有懦弱。导致这两种截然不同的性格的主要原因就是儿时的教育方法。孩子一出生，还分辨不出什么是勇敢、什么是软弱，也分不清什么是陌生、什么是熟悉。但是随着逐渐长大，孩子对世界的认知、某种性格在各种因素的影响之下开始凸显。对于家长来说，自己的孩子非常软弱会让他们觉得心痛，难以接受，殊不知，这种性格正是他们为孩子营造的氛围或对孩子的教育方式所致。

　　周峰从小在爷爷奶奶身边长大。小时候，他非常顽皮，整天在外面和小朋友玩耍，不到吃饭的时间不回家。爷爷奶奶年纪大了，爸爸妈妈又在外面为事业打拼，没人管教他。在这种情况下，周峰的奶奶想了个办法，每次孙子想出去淘气时，奶奶就会对他说："楼底下有推小车的人，专门拐卖小孩，你要是再出去人家把你偷走了，你可就再也看不到爸爸妈妈了。"在爷爷奶奶的恐吓下，周峰再也不敢出去淘气了。

　　爷爷奶奶见这个方法好，便经常在孙子不听话的时候用各种谎言吓唬孙子。时间久了，周峰竟然像个小姑娘一样，每天只知道闷在家里看电视，哪也不敢去。这回，爷爷奶奶让他出去玩他都不去了。

一次，学校举行运动会。在跳高比赛中，周峰不小心摔在了地上，哇哇大哭起来。全班同学都嘲笑他，还给他取了"娘娘腔"的外号。周峰在爷爷奶奶的吓唬声和同学们的嘲笑声中成长，性格变得越来越懦弱，就连面对同学们的嘲笑他也不敢反击。

每个家长都希望自己的孩子听话、懂事，可是过于听话其实就是懦弱。如果把孩子管教得面对任何事情都无力反抗，那么哪怕他在学校受到了不公平待遇也是不敢反击的，因为他已经不知道该如何维护自己的权利和尊严了。

培养孩子的勇气必须从家庭教育开始。案例中周峰的爷爷奶奶经常吓唬孙子，导致孙子懦弱性格的形成，可见家庭影响是有多重要。那么作为父母，该如何帮助孩子克服懦弱，让他勇敢地面对生活中的种种问题呢？

1. 帮助孩子树立自信心

父母要让孩子明白，树立自信心是战胜胆怯的重要法宝，懦弱的人大都缺乏自信，对自己是否有能力完成某件事表示怀疑，结果就会由于紧张和拘谨导致原本可以做好的事情被搞砸。所以，父母要教导孩子，做事之前先为自己打气，告诉自己"我能行"，之后按照自己的想法去努力就可以了。

2. 扩大孩子的交际面和接触面

通常来说，懦弱的孩子的目标常常充满了不安，家长应该有意识地扩大孩子的接触面，让孩子经常面对陌生的人和环境，逐渐安抚孩子那颗不安的心。没事可以带着孩子出门，比如带着孩子去拜访自己的朋友；购物的时候可以让孩子帮自己结款；带孩子去异地旅游等。等到孩子的见识增长之后，再面对别人的目光就会多上几分坦然。

3. 培养孩子独立、坚强的品质

父母应当培养孩子独立、坚强的品质，鼓励孩子去做力所能及的事情，让孩子学会自己照顾自己。等到孩子遇到困难的时候，父母不能一味地包办，而是要让孩子独自去想办法解决问题。开始时父母可以指导孩子去怎么做，之后让孩子逐渐适应独自处理事务。不要一下子就把孩子放到一个陌生的环境接触陌生的事，否则孩子会觉得不安，变得更加懦弱。

4. 不要因为懦弱而辱骂孩子

有的家长看到孩子懦弱就不由地辱骂孩子，岂不知这样只会让孩子变得更加胆小。家长应不失时机地和孩子沟通，并鼓励、表扬孩子，引导孩子克服自身的弱点，尽量避免孩子由于胆怯造成的心理紧张，进而缓解孩子的胆怯，促进孩子健康成长。

5. 鼓励孩子当众表演

如果学校组织演讲比赛、文艺活动等，要让孩子积极参加，多参加几次，你就会发现孩子的自信心增强了。如果孩子在参赛的过程中没有表现好，你可以给他一个安慰的拥抱，告诉他："你已经尽力了，下一次一定要做得比这次好哦！加油！"

淡化顺从心理，让孩子学会自己做主

有的孩子虽然乖巧懂事，但是做什么事都没有自己的主见，就连玩什么玩具都要问妈妈，穿什么衣服自己都拿不定主意。这样的孩子其实也是值得家长提高警惕的。

为了女儿陈欣欣更有主见，妈妈给她报了自由绘画班。第一天送她去绘画班的时候，妈妈最担心的就是陈欣欣太老实，被人欺负。陈欣欣从小乖巧听话，不吵不闹，让干什么就干什么，不让做的事坚决不做，从来都不会说一个"不"字，亲朋好友都夸她是个让家长省心的好孩子。但是现在陈欣欣已经读小学二年级了，妈妈担心如果她还是保持原来"逆来顺受"的性格，在学校很可能会被人欺负，进而影响到学习。

后来绘画班的老师反映，当多种材料摆在陈欣欣的面前时，她的第一句话总是："老师，我要画哪些画？我该用哪些东西？"陈欣欣已经习惯了不去思考，被大人安排自己的生活，突然给她很多选择空间，她却不知道从何处入手。没有主见的性格已经在她很小的时候就形成了，如果家长不对其进行培养引导，孩子长大后做事就很容易优柔寡断，拖泥带水。

其实，类似案例中陈欣欣这样的孩子还有很多。导致这一结果的原因主要有两点：一方面，如果家长强势主观，用个人的经验判断孩子的需求，就会阻碍孩子在选择决定中"权衡思想"的锻炼。另一方面，有的家长虽然自认为很民主，可实际上他的教育方法并不恰当，比如家长很爱给孩子一个很大的空间让他们做决定，等他们在宽泛的选择中迷茫时就会将选择权返给家长，这个时候"随便""你说了算"等放弃决定的词语就会脱口而出，这个时候家长会为孩子决策，导致孩子失去思考的机会。那么家长该如何引导孩子学会自己做主呢？

1. 将宽泛的选择细化

面对空间宽泛的选择问题，家长可以把它细化，比如，不要问孩子"今天晚上吃什么？"而是要问孩子"今晚我们是吃馅饼还是炖菜？"，孩子在面对这种选择性的问题时更容易做出判断，选择其中的一个之后，家长可以继续让孩子决定馅饼吃什么馅的或者炖菜里面都放什么，一层一层剥茧抽丝，形成习惯之后，可以增加选择范围，时间一久，孩子就不会再在选择面前感到迷茫了，自主决定的思想也就能得到巩固了。

2. 尊重孩子的爱好，鼓励孩子做自己喜欢的事

有的家长面对孩子一会儿做做那个、一会儿试试那个的行为感到担忧，生怕孩子会染上不良的学习习惯。岂不知，很多时候，父母越是干预、阻止，孩子就越是要做。家长首先要做的就是相信孩子，告诉孩子，不管他做什么样的选择，爸爸妈妈都会相信他，并告诉孩子要做出让爸爸妈妈相信的事，在确保不会影响学习的情况下做自己喜欢的事情。

3. 给孩子表达意愿的机会

很多家长生怕孩子会走错路，习惯为孩子做决定，从来都不怎么

征求孩子的意见。一旦孩子不遵从自己的意愿就会大加责备。家长不管在什么情况下都应该允许孩子表达自己的意愿，给孩子自主表达的机会。孩子对新鲜事物总是充满好奇，他们喜欢探索，父母应该引导孩子，而不是一味地压制和给孩子制定规则。如果家长一直不允许孩子做这个、做那个，那么孩子最终可能会变成一个胆怯的懦弱者。

4. 不要总是对孩子颐指气使

有的家长非常喜欢以命令的口吻让孩子做这做那，因为他们觉得自己才是家里的主人，而孩子只能听话，只能服从自己安排的一切。家长不妨将命令的口吻转化成启发式的语句。比如"你应该……"应该改成"你是否应该……"这样的表达方式可以让孩子感觉到家长对自己的尊重，进而引发孩子独立思考，按照自己的意志主动去处理事情。

5. 帮助孩子摆脱自卑心理

龙生九子，子子不同，生于不同家庭的孩子，自然性格、长相、家庭背景都不同。很多家长埋怨，我的孩子因为长相普通，不愿意和其他小朋友一起玩耍；还有的家长说，由于我们家的家庭条件不好，我的孩子在学校常常沉默寡言……孩子的自卑现象很普遍，但并不可怕，但是如果家长找不到为孩子摆脱自卑的方法，那就非常可怕了。因为他不仅会在小时候自卑，长大了还会继续自卑着，难成大事。

孙培培今年5岁，孔月月今年5岁半。孔月月的妈妈经常对孙培培的妈妈说："我的女儿什么都不会，你看你儿子，画画得多好啊，我女儿什么都不会画。个头还矮，长得也不好看，比你儿子还大半岁呢，却没你儿子高，以后可怎么办啊？"

一天，孔月月的妈妈又对着孙培培的妈妈抱怨。孔月月在爷爷家住了两天，妈妈非常想念女儿，于是给孔月月打电话。谁知，电话那头的孔月月吵着闹着要爸爸接电话，说想爸爸不想妈妈。

孔月月是妈妈一手带大的，白白胖胖，整洁干净，非常懂礼貌，但是妈妈却一点儿都看不到孔月月的优点，而且还经常放大她身上的缺点，在外人面前贬低她。这让孔月月的心中形成了自己不如别人的想法。

其实，孔月月真的不会画画吗？不一定，可能只是因为妈妈经常把孔月月不会画画这件事挂在嘴边，使得孔月月从心底里认为自己就是个不会画画的孩子，有了"你说我不会，那我就不会，连笔都不拿"的心态。

每个孩子都有各自的优缺点，孩子身上的缺点在悲观的妈妈眼中会被放大，让她们看不到一点儿希望；而在乐观的妈妈眼中，这不过孩子身上的众多优点中极小的不足之处。让孩子远离自卑的阴影，从妈妈对待孩子的态度开始，从妈妈对孩子的赞美起步。那么家长应该怎么做才能帮助孩子远离自卑呢？

1. 鼓励孩子用自己的方式追求自我

每个孩子都有自己喜欢的东西，有自己的追求，有自己表达个性的方式和审美眼光，而家长很多时候却不理解孩子的这种行为。表面上你的孩子听话、懂事，可实际上，他们的内心却是非常自卑的。比如，你无意中的一句"你不如×××"就可能让他们胡思乱想，甚至产生郁闷、愤怒的情绪。

2. 教会孩子掌握消除自卑的方法

语言暗示：家长可以用积极的语言和孩子说话，让孩子产生积极情绪，进而拥有积极心态。家长可以有意识地通过积极言语给孩子加油，给予孩子鼓励。每天在孩子上学前给孩子打打气，让他信心十足地去上学。

储蓄成功：对孩子来说，摆脱自卑最好的方法就是获得自信；而获得自信最好的方法就是在某件事上获得成功的经验。研究表明，每次成功后，人的大脑就会出现一种刻画痕迹——动作模式的电路纹。人在重新想起以往成功的动作模式时，便会重获成功的喜悦，进而消除自卑感，自信十足。为了让孩子生活在成功的体验中，最有效的方法就是将孩子成长过程中的点滴成功记录下来，积少成多，每隔一段时间就给孩子读读上面的内容，提升孩子的信心，让他更有信心去克服困难。

长处比较：每个孩子都有长处、优点，也有其特定的短处、劣势。如果家长只能看到孩子不如别人的地方，而看不到孩子的长处，就会让他丧失信心，变得自卑；反之，如果可以扬长避短，强化自身长处，那么他就会信心十足，充满快乐。所以，消除孩子的自卑心理，应当善于发现孩子身上的长处、优势，为他们提供发挥长处的机会、条件。用别人的短处和自己的长处做比较对于自卑的孩子来说能够起到积极的作用。

摆脱阴影：孩子自卑通常是有原因的，与失败的阴影之间有很大关系。自卑的孩子遇到的挫折、失败通常更多，及时帮助孩子摆脱这些阴影，克服自卑，能够很好地帮助孩子保持自信。摆脱阴影的方法很多，常见的有：家长帮助孩子把失败当成学习机遇，帮助孩子分析失败的原因，并从中获取经验、教训，帮助孩子将不愉快、痛苦的事情彻底忘掉，或用成功经历抵消失败阴影。有时候，面对一个大目标，孩子会有些胆怯，一时间恐怕也很难实现这个目标。家长可以为孩子细化目标，将其分成小的阶段，让孩子一步步进行，这样实现起来就会更加容易，能够获得多次成功，并从成功之中获得自信、远离自卑。

将孩子的嫉妒心理引导到正确的轨道上来

孩子都有好胜的心理，希望自己可以超越别人，拥有积极向上的心态是好的，可这并不意味着无法超越别人就产生嫉妒和愤恨，甚至通过一些不当的方法来发泄，要知道，孩子的这种心理是不健康的。

郑丽是夏沫的好朋友，比夏沫大一岁，两个孩子经常一起玩。夏沫的妈妈也非常喜欢郑丽，觉得她是个聪明又懂事的好孩子。有一次，夏沫的妈妈把新买来的一大盒橡皮泥拿出来给两个孩子玩，让她们比赛看谁捏得好。

两小孩子玩得很开心，没过多久，夏沫就跑到客厅，手上拿着自己捏好的橡皮泥模型对妈妈说："妈妈，这个恐龙是我捏的。"妈妈看了看，不是很像，可是为了鼓励孩子，妈妈就对夏沫说："继续加油！"

过了没多久，郑丽的手中也拿着一个捏好的橡皮泥，比夏沫大一岁，郑丽的理解、动手能力也比夏沫强些，捏的恐龙更形象。于是，妈妈就夸郑丽捏得真像，小家伙开心得又蹦又跳。没过多久，妈妈就听到了郑丽的哭泣声。妈妈跑出去一看，见到郑丽正伤心地坐在地上哭泣。

　　原来，是因为妈妈对郑丽的夸赞惹得两个孩子起了争执。郑丽在得到夏沫妈妈的称赞后，走到夏沫的面前得意地说："你妈妈说我捏得真像！"可就是这句话惹恼了夏沫，小家伙冲上前抢过郑丽手中的橡皮泥捏得乱七八糟、扔在了地上，郑丽急得哭了起来。夏沫的妈妈这才意识到：女儿的行为是由于嫉妒心。

　　每个人生活在一定范围内都会不自觉地和别人作比较，但是等到发现自己的才能、体貌、家庭条件等不如别人的时候就会产生羡慕、崇拜、奋力赶超的心理，同时还会产生羞愧、消沉和怨恨等负面情绪，而后者就是人的嫉妒心理。

　　孩子虽然也渴望友谊，但与此同时，他们之间也存在着友谊的最大杀手——嫉妒，因为同龄孩子间难免会有竞争，所以，有的孩子在面对比自己优秀、比自己成功的朋友的时候就会产生不平衡的心理状态。作为孩子的启蒙老师，父母应该培养孩子健康的竞争心态，在培养孩子竞争意识的过程中，让孩子明白竞争不该是狭隘、自私的，竞争的过程中应当有宽广的胸怀，而不是阴险、狡诈和算计。

　　1.让孩子了解到嫉妒心理的危害

　　家长有义务让孩子意识到嫉妒的危害性：（1）对自己而言，嫉妒是一种自我折磨，会在痛苦中煎熬，直接影响人的身心健康。而且心怀嫉妒的人，通常她的人际关系不好，因为他们常常会对被嫉妒的人冷言冷语，在背后说他们的坏话，故意搬弄是非，设法让对方难堪等。（2）对别人而言，被嫉妒者反而更勇敢、优秀，当你对被嫉妒者给予伤害的时候，对方的斗志就会更强，对方的进步更大，而嫉妒者只有无尽的自我折磨。（3）嫉妒是丑陋的，它不仅会破坏友谊，而且会将自己置于被嘲笑和孤立之下，让自己的道德一落千丈。

2. 教育孩子在竞争中学会宽容

大部分竞争失败的孩子会在竞争的过程中流露出不高兴的情绪，对对手充满敌意，可见这些孩子还无法通过正确、积极的心态面对竞争，这就需要家长在培养孩子竞争意识的同时培养孩子拥有好的竞争心态，同时告诉孩子，竞争的过程中宽容对待他人，让他明白竞争的真正意义。

3. 教育孩子在竞争的过程中合作双赢

当今社会的竞争讲究的不是置一方于死地，而是在合作中共赢。对孩子而言也是如此，只有竞争没有合作，人只能变得孤立，人际关系也会变得紧张，对自己以后的成长不利。你可以告诉孩子："如果你可以和×××合作，取长补短就好了，你们俩都一定会变得更棒！""我知道×××的在投篮方面比你优秀，但是你在攻防方面比他强很多，如果你们两个联手打一场比赛，胜算的概率一定很大。"

帮助孩子赶走抑郁这片浓重的阴云

家长要能认识到自己孩子生活中存在的压力，耐心地和孩子一起分析解决这些问题，虽然家长不可能解决孩子在生活中遇到的所有问题，但是可以为孩子提供一些处理问题的建议，帮助他们成长为快乐、能适应社会的人。

陶静小的时候是个非常活泼的孩子，每天活跃于众多小朋友之间，学习成绩也不错，老师、同学都非常喜欢她，她也会主动和老师、长辈们问好。但是，自从陶静读初中之后，父母离婚了，她和妈妈一起生活，从那之后，她就不怎么喜欢主动与人打招呼了，上课的注意力也不怎么集中了，成绩一落千丈。虽然到医院检查并没有什么疾病，但是陶静的精神状态确实很差，对什么都提不起兴趣，最后妈妈带着陶静去看心理医生，才得知她得了抑郁症。

生活中，很多孩子都出现过抑郁的情况，比如突然沉默不语、逃课，甚至饮酒、吸毒等，进而表达自己对于家庭的漠视和反抗。总之，任何形式的抑郁都能让孩子感到孤立、恐惧和不开心。抑郁的孩子自己都不知道自己哪里做错了，可他们就是不开心、不快乐，觉得自己的生活一团糟，无法控制好自己的心情和生活。在这个时候，如果烟、酒、毒品可以帮助自己"排忧解难"，他们就会走向这些东西。抑郁严重的患儿甚至会选择自杀。既然抑郁的危害这么大，家长该如何帮助孩子摆脱抑郁，重新恢复童真的笑脸呢？

1. 不要对孩子"控制"过严

家长应当让孩子在不同的年龄段拥有不同的选择权。比如，孩子3岁的时候允许孩子选择午餐吃什么，孩子4岁的时候允许他选择自己想穿的衣服，孩子5岁的时候允许他告诉妈妈自己想买什么玩具……只有从小让孩子享有选择"民主"的权利，孩子才能感受到快乐自立。

2. 鼓励孩子多交朋友

多数抑郁的孩子都不怎么善交际，他们由于享受不到友情的温暖而感到孤独寂寞。性格内向、抑郁的孩子更要多交一些性格开朗、活泼的朋友。家长应该教会孩子与他人融洽相处，有助于培养快乐的性格，内心光明。父母可以带着孩子接触不同年龄、性别、性格、职业和社会地位的人，让他们学会和与不同的人融洽相处。父母也应该从自身做起，和他人相处融洽，热情待客、真诚待人，为孩子树立好榜样。

3. 让孩子爱好广泛

乐观开朗的孩子大都涉猎广泛，兴趣颇多，如果一个孩子只有一种爱好，那么他是很难保持长久快乐的，试想：如果孩子只喜欢玩电脑，除了手机电脑没事可做，那么他很容易郁郁寡欢。如果孩子喜欢看书的同时还能热衷体育活动、饲养小动物、参演话剧等，那么他的生活就会变得更加丰富多彩，他获得的快乐也会更多。

4. 引导孩子摆脱困境

哪怕是天性乐观的人也不可能事事顺心，但他们中的大多人都可以迅速从失意中重新奋起，同时将一时的沮丧丢到脑后。父母最好在孩子很小的时候就开始培养他们应付困境和逆境的能力。如果一时还无法摆脱困境，家长可以教育孩子学会忍耐、随遇而安，或在困境之中找到另外的精神寄托，如球赛、游戏、聊天、逛街等。

5. 让孩子拥有自信心

自卑的孩子很难做到每天开开心心，笑对一切。这就从反面证实拥有自信和快乐性格是远离抑郁的良药。对一个智力或能力都有限且充满自卑的孩子来说，父母的开导显得至关重要，家长应该多发现孩子的长处，同时审时度势地对孩子进行表扬和鼓励，来自父母和亲友的肯定对孩子将来克服自卑、树立自信大有帮助。

6. 温馨的家庭环境

家庭的气氛、家庭成员之间的关系也能在很大程度上影响孩子性格的形成。案例中陶静原本也是个快乐的孩子，可是自从父母离婚后，便逐渐变得抑郁。要知道，一个充满了敌意甚至暴力的家庭是很难培养出快乐的孩子的，他们没有安全感，而且会由于父母的失败婚姻而感到亲情缺失。温馨的家庭环境可以让孩子变得活泼、开朗，远离抑郁。

适当安慰及时疏导，缓解孩子的委屈心理

孩子生活在自己的小群体中，也难免有受委屈的时候。有的孩子会犯错误，被老师批评，被同学指责，其实不管何种委屈，无论哪种情况，都是孩子人生当中的必修课，没有这些经历，如何让孩子了解这些事情呢？

王金龙上初一的时候，有一次接到了班主任的道歉电话，后来才知道是因为老师的失误当众批评了他。

王金龙回到家后就一个人躲在房间里，妈妈想要询问他的情况，但是看到他委屈的样子，就想等他情绪缓和之后再安慰他。这一天他就这样无精打采的，儿子的萎靡不振让妈妈非常心疼，怕他抑郁出毛病来。于是走过去，拍着他的肩膀轻轻地说："妈妈可以体会你此时的心情，被人误解确实很委屈，委屈就大声哭出来。"

王金龙听了妈妈的话，扑到妈妈的怀里，"哇"的一声哭了起来。

妈妈一边抚摸着王金龙的后背，一边给他递面巾纸。过了好一会儿，他才停止哭泣。妈妈问："现在好受些了吗？"他点点头。妈妈说："可不可以把事情给我从头到尾讲出来？"

于是王金龙开始仔细讲述了整个事情的经过。

原来，这次一向成绩很好的王金龙语文测验居然没有及格。语文老师当着全班同学的面批评他骄傲自大、马虎大意等，由于言语有些过重，王金龙心里很难受。卷子发下来后，王金龙发现老师把成绩加错了。重新加过后，他还是第一名。语文老师把分数给他改了过来，但是老师严厉的批评却无法收回。了解情况以后，妈妈劝他："老师批评你的话虽然有一些夸张，但是你想过没有，他为什么这次狠狠地批评了你？"

王金龙说："嫌我考少了呗。"

我说："对啊，是你自己太看重了。你想，你语文成绩再好，对老师有什么好处？"

王金龙："我知道了，老师是为了我好。"

受到委屈之后，孩子最迫切想知道的不是事情的真相，而是得到别人的关爱，以及理解。此时一个倾听对象的出现是非常重要的，作为家长，必须适当地安慰孩子，调整孩子的状态，并且向有益的方面引导孩子。

1. 家长要耐心听完孩子的讲述，认真判定

可能有时候只是孩子的一种感觉，而实际情况可能并非如此。即使受了委屈，家长对于情况的一种倾听，本身也是在帮助孩子调节情绪。这样做最大的好处是，家长可以冷静地思考，理智地判断，为安抚劝慰孩子赢得时间。

2. 家长千万不能火上浇油

当你顺着孩子的话很难把握其中的度量时，说不如不说。当你表现得更加委屈的时候，替孩子大肆鸣不平时，你认为可以缓解孩子的情绪，实际情况往往是火上浇油，让孩子感觉委屈。更重要的是，当你激动起来的时候，你更不能进行冷静的思考。《中庸》上说过"静而后能虑"。不能冷静下来，你的智慧如何能够展现出来？

3. 要能给孩子一些有益的帮助

方法非常多，做事有法，做无定法。虽无定法，但是家长应该掌握一定的原则。原则就是：有利于孩子的成长，对于孩子的未来发展有帮助，最起码有利于孩子很好地把目前发生的问题解决，千万不要因为你自己主观的想法而影响孩子未来的发展。

引导价值倾向，从小淡化孩子的虚荣心理

如今，随着物质生活的丰盈，家长对孩子的过分宠溺，越来越多的孩子出现了爱慕虚荣、喜欢攀比的心理。很多家长都抱怨，"我的孩子整天要这要那的，我的工资都不够他买一部手机"。每个人都有攀比之心，孩子也不例外，他们对是非的辨别能力还比较差，和其他孩子一起玩耍的时候，很容易在彼此影响下产生攀比的心理。孩子出现攀比心理其实和父母有很大的关系。有的父母担心自己的孩子被人瞧不

起，不管孩子提出什么都无条件满足，自然助长了孩子的攀比心理。

自从王宏伟读初中后，除了学校硬性规定上学期间一定要穿校服外，他全身上下穿的都是名牌，鞋子一定要阿迪达斯，平常休闲衣服也是三五百元一件的，就连皮带都要选鳄鱼的。

去年妈妈才给他买的手机，现在就吵着要换一款 3000 元的新手机，嚷嚷着说自己的手机已经落伍了。平时妈妈每个星期都会给他固定的零花钱，可他总说钱不够用，要求每星期多点儿零花钱。妈妈问他钱为什么花得这么快，他说有时和同学们互相请客吃饭，有时候同学过生日送点小礼物就花了。妈妈没答应给王宏伟增加零花钱，他居然气得几天不和妈妈说话，而且摔碎了家里的餐具，最终妈妈妥协了。

以前王宏伟上学的时候总让妈妈骑电动车送他，现在却不用，理由是别人家的父母都开奔驰、宝马，最次也是现代、本田，妈妈骑电动车送他会丢他的面子。王宏伟最近经常和家境富裕的同学来往，导致他的攀比心态越来越严重。王宏伟的妈妈非常不解，为什么自己的孩子会变得如此爱慕虚荣？

如果家长为自己孩子的问题感到困惑时，不妨先反省一下自己的教育方式是否得当。教育界有这样一句名言：问题孩子的背后一定有不当教育方法的家长。案例中的家长不妨反省一下自己，平时自己买衣服时是不是经常买名牌，经常将"名牌"之类的话语挂在嘴边，而且是当着孩子的面？家长的手机是不是更新换代很频繁？其实家长的言行、教育方式时刻影响着孩子，孩子的攀比之心也不是一蹴而就的。那么家长该怎么做才能引导孩子远离爱慕虚荣的心态呢？

1. 不要放纵孩子的消费欲

很多家长视孩子为掌上明珠，孩子要什么就买什么，特别是初中以上的孩子，甚至觉得拿自己的孩子与别人家的孩子相比能显示出自己的身份和地位。殊不知，父母对孩子过分的宠爱和迁就，很容易让孩子滋生攀比心理。家长没有原则地给予满足，会助长孩子的攀比之心。因此，无论家庭条件如何，家长都不要放纵孩子的消费欲，要有目的、有计划地引导孩子，逐步纠正孩子对穿戴、吃喝方面的虚荣心。

2. 给孩子灌输节俭的观念

现在的孩子花钱大手大脚的情况很严重，甚至很多孩子以此为荣，认为谁花钱多，谁的威信就高。导致很多孩子为了赢得比同学更高的威信而想方设法问家里要钱，之后在同学面前炫耀，通过请客、购物的方式显示自己的大方。而且，很多父母认为孩子花钱没必要限制，要给孩子最好的生活，而且孩子穿着体面，自己的脸上也有光，自己是从苦日子中过来的，不能让孩子跟着自己再受苦。殊不知这种教育思想在无意中助长了孩子贪慕虚荣的意识。

3. 改变孩子攀比的方向

如果孩子出现了攀比心理，说明他的内心有和他人竞争的意识，想超越别人，所以，家长要适时抓住孩子的这种竞争意识，将孩子比吃穿、比消费的倾向引导成在学习和好习惯等方面的攀比。比如，如果孩子说 ×× 的爸爸开着奔驰去接他，你可以告诉他，到学校里的目的是为了学习，取得优异的成绩，最终考入比别人都理想的大学，要知道，即使开着价值千万的车也买不了名牌大学的学历。家长可以引导孩子了解更多的事物，开拓孩子的视野，丰富孩子的兴趣，有意识地让孩子多接触钢琴、舞蹈、绘画等方面的知识，如培养孩子在文学、历史、地理、自然等方面的兴趣。等到孩子的攀比方向转移了，就不会太局限于和其他同学的攀比了。

4.以身作则，引导孩子走上"正途"

作为家长，想让孩子不贪慕虚荣，自己就不能再虚荣下去了。家长的一举一动都会对孩子产生深远的影响，尤其是对年纪小一点儿的孩子来说。尽量避免在孩子面前嫌贫爱富或是做没有意义攀比之事，时刻为孩子做出正确表率。教育孩子不攀比、不比阔，不能动不动就给孩子买昂贵的衣物、玩具或学习用品等。

走进孩子内心世界，驱散孩子心里的孤独

很多家长都说，孩子小的时候是自己的，孩子长大了，有了自己的心事，自己反倒成了外人，他们什么都不愿意和自己说，整天捉摸着自己的小心思。是的，孩子稍大一点儿，就会有很多自己的小秘密，这些小秘密不能与人诉说，他们的内心其实也很孤独。

付宇佳从小就是个聪明活泼的孩子，他性格开朗，常常是一群孩子的"头"，带着他们到处去玩耍。但是自从付宇佳读小学六年级之后，性子就突然收敛了很多，好像变得有些孤僻，很少出去和小伙伴们一起玩了。

一天，付宇佳不在家，妈妈在收拾家务的时候看到了他的日记本，日记本是天蓝色的，外面还有一排密码，不过没有设锁，妈妈便打开读了起来，原来，儿子想要考入最好的初中，每天都在努力学习，但是成

绩却没有什么起色，感到心里的压力有些大。还有一篇日记写到了一个小女孩，儿子从开学那天就和她前后桌，两个人经常一起下象棋，但是前几天小女孩被调到了第一排，再也不能在象棋课上和儿子一起下象棋了，他很失落。看着看着，儿子突然走进卧室，妈妈吓了一跳，赶忙将日记本放在了桌子上，可是儿子还是很生气，他愤怒地拿起日记本跑了出去。从那之后，日记本的被上了密码，妈妈再也打不开了……

案例中付宇佳的妈妈偷看儿子日记本的行为让他更加封闭了自己的内心。孩子长大之后，会对父母以前灌输给自己的种种思想表示质疑，他们甚至不愿意再相信他们，把自己封闭在自己的世界里，用文字宣泄自己的情绪。作为父母，应该懂得保护孩子的日记，同时找机会和孩子沟通的方法，只有这样，才可以让孩子对你敞开心扉。那么家长该怎么做呢？

1. 理解孩子的行为

孩子成长的过程中，不同阶段也会出现不同的问题，包括突然变得孤僻。家长不用因此而焦虑，而是要调整心态，用平常心来对待，否则不仅不能帮孩子走出孤独，还会影响亲子关系。

2. 像对待成人一样对待孩子

家长不要一直以对待小孩子的方式对待自己的孩子，而是要逐渐向对待成人的方向对待孩子，对孩子应该有尊重意识，孩子是个独立个体，家长不要总是用自己的方法代替孩子的想法，要学会倾听孩子的心声，而不是一味地管教孩子，如此才可化解孩子的对立情绪，引导孩子说出自己的心里话。

3. 尝试着和孩子建立朋友关系

等到孩子的年龄逐渐增长后，他们会有一些独立自主的表现，要求和成人建立起和以往不同的朋友式的关系，他们希望成年人可以尊重、理解自己，如果到了这个时候家长或老师仍然将他们视为小孩，对其严加监护，而且惩罚孩子，忽视孩子的兴趣和爱好，他们就会通过相应的方式表达自己内心的不满，甚至产生抗拒心理。孩子上学之后，更愿意和同龄人说话、交往，找一些志趣相投的朋友一起玩。他们的交往对象最初是自己班级里的学生，随后扩大到全校范围，甚至校外范围。家长要懂得放手让孩子独自处理一些问题，尊重、信任孩子，主动和孩子商量家中事务，满足孩子的正当要求。

培养宽广胸怀，送给孩子豁达的性格

现实生活中，难免有人做对不起自己或有损于自己的事情，而心境豁达的人对这些事不会耿耿于怀，也不会过分计较，可以一笑了之。很多家长埋怨自己的孩子不够豁达，太小气，一点儿小事就乱发脾气，与别人起争执。那么该如何做才可以让孩子形成豁达的性格呢？

姜萍萍从小和爷爷奶奶一起生活，家里只有这么一个孙女，爷爷奶奶对她很是娇惯，不允许别人和姜萍萍争任何东西。有一次，姜萍萍和其他小朋友起了争执，爷爷竟然一气之下伸手打了那个小朋友，对方的家长很不满，但是碍于面子也就没有说什么，只是从那以后，再也不允许自己的孩子和姜萍萍一起玩了。看到爷爷奶奶会为自己出头，姜萍萍更加肆无忌惮，甚至欺负其他小朋友。

姜萍萍 7 岁后，妈妈将她接到了城市里去上学，没过多长时间，妈妈就发现了姜萍萍很容易和其他小朋友起争执，很"占尖儿"，什么都要自己挑，自己喜欢的东西别人碰都不能碰。妈妈很担心女儿这样下去以后会没有朋友，于是想出一个办法转移女儿的注意力。从那之后，在女儿和别的小朋友起争执的时候，妈妈经常会温柔地对她说："萍萍，你是姐姐，要懂得谦让，这样才能显示出你比她更懂事、更有礼貌。"妈妈经常利用节假日的时间带姜萍萍到处旅游观光，每天处在开心状态的萍萍早就已经看淡了平时和小伙伴之间的那点琐碎的事情，和小伙伴起争执的次数越来越少。

案例中姜萍萍爷爷奶奶的教育方法让孩子的内心变得更加狭隘，不愿意和其他小伙伴分享自己的东西，甚至想要从其他小伙伴的手中抢来不属于自己的东西，并占有，因为她心里清楚，凡事都有爷爷奶奶为自己"撑腰儿"，这时候的她不知道和伙伴友好相处才是最重要的。而和妈妈生活在一起之后，姜萍萍逐渐懂得，拥有豁达的性格可以让自己更快乐，而这也是家庭教育中最重要的一点。家长在教育孩子的过程中，一定不能忽视精神教育，这样教育出来的孩子才可以坦然面对恶劣的生存环境和残酷的社会竞争。家长可以采取以下方法避免孩子变得胸襟狭窄。

1. 在阅读的过程中培养孩子宽广的胸怀

书籍之中有很多值得孩子学习、借鉴的故事，这些故事对孩子的启迪作用是不容忽视的。比如可以让孩子阅读成语故事，当孩子读到《负荆请罪》的时候就会懂得，蔺相如心胸开阔，凡事以大局为重，所以秦国才不敢冒犯赵国，廉颇得知蔺相如的为人后羞愧不已，背着荆条到蔺相如门前请罪。孩子可以从这个故事中体会到宽广的胸怀对一个人而言的重要性。如果孩子年纪还小，不能从故事之中有所领悟，那么家长可以和孩子一起读故事，以提问的方式引导孩子领悟其中的道理。比如家长可以问孩子："你觉得蔺相如为什么不和廉颇计较？"一点点引申下去。

2. 为孩子做个好榜样，带孩子游览名川大河

父母是孩子的启蒙老师，父母的一言一行总是能在无形之中影响着孩子。如果父母是心胸豁达之人，平时不与人斤斤计较，待人友善、大方，那么孩子就不容易为鸡毛蒜皮的小事和别人起争执。平时多带孩子游览祖国的大好河山，看着美丽而壮阔的风景，孩子的心境自然会更加豁达。

3. 教孩子从"另一个角度"看问题

我们都知道，绘画的过程中选取的角度不同，画出来的画像也是不同的。现实生活中处理问题的时候也是如此。家长想要培养孩子拥有豁达的性格，就要教孩子多从好的一面考虑问题。面对糟糕的情况时第一时间想到的不该是"完了"，而是要从另一个角度看问题，凡事都有两面性，有坏的一方面自然就有好的一方面，多想好的一方面，内心自然会更开阔。

第四章

提高自我认知，谨防孩子出现严重心理问题

孩子的心理问题，尤其不能忽视

如今，家长们整天奔波在工作中，将孩子直接甩手交给家里的老人或是托儿所，从来不考虑孩子的感受。在家长看来，自己现在趁着年轻多奔波几年，给孩子最好的教育，留大笔的遗产，对他而言才是最重要的。但是你有没有想过，如果你的孩子在童年的时候出现了心理问题，因为你的忽视而影响了他的一生，那么你年轻时候的付出真的还值得吗？

李依依，初二女生，初一的时候成绩中上等，期末考试的时候由于成绩优异，在初二的时候被分到了 A 类班级。到了 A 类班级之后，班上的同学都在拼命学习，希望赶超其他人，李依依也是如此。虽然她在很刻苦地学习，但是成绩却怎么都上不去了，她心理压力非常重，将所有的心思都放到了文化课上，甚至连上体育课的时候都不忘拿着单词表背单词。她似乎每天都能感觉到老师和家长对她期盼的目光。每次考试的时候她都非常紧张，而且伴有口干、恶心、呕吐、吃不下、睡不着等症状，考试的时候经常会腹痛、腹泻，好像考试就是一块压在胸口的重石，成绩也是越来越差。

很明显，案例中的李依依虽然被分到了 A 类班级，可这并没有让她的学习成绩更好，而是在重重压力下屡屡退步。家长应该密切关注孩子的变化，并不是一味地让孩子努力学习就可以了。学习知识只是对孩子教育的一个方面，家庭教育的重要职责是让孩子拥有健康的身体和心理。如果一个孩子没有健康的心理素质，那么即使他的学习成绩再好，对于他将来的发展也是没有任何益处的。马加爵事件就是血淋淋的教训。每年，因成绩不理想而自杀或者杀害其他比自己优秀的学生的事件都会发生几起，这不得不引起家长们的重视。作为父母，应当时刻观察孩子的行为动态和心理健康，发现孩子出现心理问题的时候要及时为孩子指路，帮孩子疏解心理问题，以防酿成大错。

1. 营造和谐的家庭氛围

父母应当处理好家庭关系，营造和谐的家庭氛围，在这种环境下成长起来的孩子出现心理问题的概率更小。他们的心更容易变得安定，也就不容易产生极端心理。

2. 注意观察孩子的情绪与心理变化

日常生活中，父母要关心的不仅仅是孩子的成绩和名次，还包括孩子的情绪变化，比如孩子最近的学习压力大不大，是否遇到了校外人士的骚扰等。而了解这些问题的渠道就是和孩子进行必要的沟通，不要以命令或窥探的方式去了解，而是应该以朋友的立场去了解，孩子只有在感觉到父母真正的关心时才愿意向父母倾诉。

每个孩子都非常脆弱、敏感、容易受伤，所以孩子在出现不良情绪的时候，家长应该允许孩子放声哭泣，将难过的情绪宣泄出来。如果孩子不愿意有人打扰，那么你可以为他关上房门，留他一个人在屋里发泄情绪。

3. 帮孩子"减压"

如今，很多孩子反映自己每天都很累，除了要上学校的课程，放学之后、节假日还要去上妈妈给自己报的补习班，每天承受着高强度的学习压力，有的孩子甚至坦言"真想回家去放羊"。家长应该了解孩子的心理，适当为孩子减压，那些他真的不想去学的钢琴、美术等课程就不要逼着他去学了。

4. 培养孩子的意志力

现在的孩子从小娇生惯养，不管发生什么事都有父母替自己出头，自己只管好好学习就行了。所以现在的孩子很容易过分关心学习，他们认为这是唯一可以让父母更爱自己的手段，与此同时，孩子独自处理问题、心理承受力也变得更差，他们常常"输不起"。甚至因为一次考试成绩不理想而选择自杀。所以家长一定要注重孩子意志力的培养，随时观察孩子的心理情况，当孩子出现心理问题时，父母应该首先从自身的角度找原因，随后帮助孩子一起渡过难关。

孩子出现心理疾病的种种征兆及表现

很多父母表示疑惑，自己的孩子不愁吃穿，要什么家里都尽量满足，怎么还是整天郁郁寡欢、悲观厌世或者脾气暴躁、情绪不稳？你有没有想过，孩子虽然享受到过去孩子没有享受过的物质条件，但同时也承受着过去的孩子没有承受过的精神压力，你的孩子还是那个活泼可爱、无忧无虑的孩子吗？他是否已经患上了心理疾病？

陈清涛是一名初三的学生，即将中考，他的成绩在中上等，考上重点高中应该不成问题。最近一段时间，班上的同学发现陈清涛的行为举止有些不正常，他经常觉得班上的一名成绩优异的女生在骂自己，总是用一双可怕的眼睛瞪着那个女生。后来女生实在害怕，跟老师申请调桌，调到了第一排的位置。

一天，英语课上，陈清涛突然站起身，走到第一排的那名女生的座位前，狠狠地踹了那名女生几脚，直接将其踹倒在地，口中还嚷嚷着："我让你再骂！让你再骂！"班上的同学都被吓呆了，那名女生明明认认真真地坐在自己的座位上听讲，一句话都没有说啊。老师当即打电话叫来了陈清涛的家长。陈清涛在爸爸妈妈的陪同下收拾好自己的东西直接去了医院，后经诊断确诊为精神分裂。父母十分错愕，自己的孩子怎么这么小就精神分裂了？不过庆幸的是他的病情并不严重，主要是学习压力太大导致的，经过几个月的治疗，陈清涛的精神状态终于逐渐恢复到了正常状态，只是无缘中考，只能再复读一年。

案例中的陈清涛是现实生活中部分孩子的真实写照，近年来，类似的悲剧时有发生：比如，某女孩由于比班上的一名同学成绩优异，被那名同学绑架到出租屋，之后因出逃被女生及其同伙杀害；某男生因为学习压力大，用小刀在自己的胳膊上刻字自残……类似的血淋淋的例子比比皆是，触目惊心。其实，孩子之所以有这样的行为，很可能是心理疾病的前兆。年纪尚小的孩子，可能会出现多动症、孤独症、恐惧症等心理疾病。家长应该在观察孩子行为的同时及时和孩子进行沟通，看看孩子是否患有心理障碍。

1. 自闭症

典型的自闭症孩子的目光都不与人接触，言行也与常人不同他们活在自己的世界里，脾气异常强烈，而且会固执地听某种音乐或玩某种玩具。他们动作灵巧，想法独特，甚至比其他儿童看起来更加机敏，他们对物的兴趣比对人的兴趣更大。产生自闭症的原因主要有以下几点：遗传、脑伤、父母的冷漠等。父母应当注意自己的管教态度，对孩子提供关爱，为孩子设计适宜的学习环境，并及时带着孩子去看心理医生。

2. 多动症

有的孩子一刻都不能停歇，整天东奔西跑、爬上爬下，有说不完的话。很多家长都觉得这是孩子在故意捣蛋，其实这些孩子很可能患有多动症。这些孩子的特点：注意力难以集中、肌肉不协调、缺乏意志力、抗挫能力差、情绪不稳定、过度敏感等。导致孩子多动症的原因主要有以下几点：家庭压力大、轻微脑部受损、天性活泼好动等。家长应当积极为孩子减轻家庭压力，平时给孩子安排消耗体力的活动。

3. 恐惧症

儿童对鬼、神、不明物体等的恐惧是司空见惯的，但是这种恐惧如果持续存在，就会影响到孩子的正常生活。导致恐惧的主要因素有以下三点：过去可怕的经验引起的，比如突然的巨大声响、朋友或兄弟的恫吓；恐惧可能是焦虑所致；恐惧还可能是从社会中习来的。家长应该尽量避免危言恫吓孩子，给孩子灌输正确科学的世界观、价值观、人生观。如果过度恐惧，家长可以及时咨询医师。

4. 抑郁症

抑郁症的主要表现是：大部分时间都感到沮丧和忧愁，缺乏活力，经常感到疲惫，对以前做的事缺乏兴趣，体重急剧增加或下降，睡眠方式发生巨大变化（无法入睡、长睡不醒或很早起床），有犯罪感或无用感，不能解释的疼痛（到医院检查没有任何毛病），悲观或者漠视（对现在和将来的任何事情都毫不关心），有死亡或自杀的想法。能够敞开心扉对于抑郁症患者能否摆脱抑郁来说至关重要，如果孩子真的出现以上抑郁症状，家长应该帮助孩子敞开心扉，必要的时候带孩子去看心理医生。

5. 强迫症

强迫症主要表现为敏感多疑，过分克制，思虑过多，优柔寡断，做事过于注重细节，要求十全十美。生活中，如果你的孩子总是重复做一件事，不能停止，很可能就是患上了强迫症，精神医学家称之为强迫性神经症。它指的是以强迫的观念和动作为主要表现的神经症。

被宠坏的孩子，更容易出现心理疾病

　　大量研究资料表明，在心理扭曲的孩子中，很多都是被父母惯坏了的，有的因为追星而盲目自杀，有的因为嫉妒而伤害同学，有的因为攀比而变得自卑，有的因为失败而选择自杀……家长们不禁疑惑，现在的孩子都怎么了？为什么这么极端？难道宠着他们也是错吗？

　　一位14岁的孩子因为早恋分手而给妈妈发了一条短信，"妈妈，我走了，待在这个世上太痛苦了！"自从小伟和同班的初恋女友菁菁分手之后，曾经两次割腕自杀被妈妈及时发现。但是昨天，小伟又发了自杀的短信，这让妈妈感到心力交瘁。

　　小伟和菁菁都是初二重点班的学生，两个孩子成绩都不错。小伟性格内向，和菁菁是同桌，两个孩子刚开始是很要好的朋友，后来不知不觉谈起了恋爱，学校不允许早恋，于是老师通知了双方家长。在家庭和学校双方的压力下，两个孩子便分手了。分手之后，小伟接连三次自杀。

　　最后一次给妈妈发短信说自己想要自杀的时候，全程都是在通过短信和妈妈交谈，他将自己反锁在屋子里，不与任何人见面。据小伟的妈妈回忆，自从小伟出生之后，妈妈一直都对他百依百顺，什么事都替小伟做，他这么大了连双袜子都没洗过，周一到周五住校的时候换下来的衣服也是统统拿回家让妈妈帮他洗好晾干之后再拿回去。他从来都是被无微不至地被关怀、照顾着，失恋是他从小到大遭受的最大的挫折。

案例中的小伟过惯了衣来伸手饭来张口的生活，父母只是觉得只要让孩子好好学习就够了，他们来负责孩子的衣食住行。但实际上，孩子从来没有吃过苦，没有承受过挫折，那么等到他们独自成长的时候就会难以承受住挫折。有的家长什么都不管孩子，只是给孩子一定的金钱满足孩子的日常生活，殊不知这种完全"不管"的行为不但不能让孩子真正独立、健康地成长，反而会给孩子的心理带来伤害，会让孩子对金钱产生依赖性，而且会具有一定的攻击性。那么家长该如何做才能处理好孩子被溺爱的问题呢？

1. 要以身作则

孩子的观察能力和模仿能力很强。如果家长做得不好，很难保证孩子不沾染父母一丁点儿的习惯。有的家长对自己的父母不好，被孩子看到后，孩子说："以后我也这样对你们。"这个时候家长才恍然明白，原来自己的一言一行对孩子的影响这么大。所以，要想孩子表现得好，首先自己就要以身作则。

2. 对孩子的要求不要无条件得满足

在家中，孩子是需要受教育的对象，所以家长在满足孩子需要的时候，一定要根据实际的情况，合理适当地满足他们。想要改正孩子自私自利的心理，家长们就要适当地满足孩子的合理要求，让他们明白什么可以要，什么要通过自己的努力去争取。

3. 让孩子明白，付出才有回报

在教育孩子的过程中，家长一定不要把孩子放在一个只知道享受而不知道付出的特殊的地位来看待。这种看法会使孩子养成不劳而获的心理。家长要让孩子知道，想要满足欲望，就要付出一定的劳动和努力，没有什么事情是轻而易举就得到的。家长可以培养孩子热爱劳动的习惯，让他们明白，劳动也是很快乐和幸福的。并且，在帮助家长减轻负担的同时，还可以让他们体会到生活的不容易。只有这样，他们才会明白要想实现欲望，就要付出努力的道理，从而摆脱掉自私自利的心理。

4. 让孩子独立面对生活问题

现实生活中，很多家长爱子亲切，舍不得让孩子吃一点儿苦，他们总想让孩子在环境优越的地方生活，舍不得让孩子受一丁点儿委屈。孩子在面对一点儿小挫折的时候，家长总是让孩子站在自己的身后，帮助孩子解决问题。很多家长习惯于过度保护、关爱孩子，在这种环境中成长的孩子自私任性，不懂得如何料理自己的生活，经历不起生活中的半点儿波折与困难，凡事都习惯于依赖别人。父母爱孩子的正确方法应该是教孩子独自面对生活，摔倒了独自爬起来，经过几次摔倒和磨难之后，孩子就会理解父母的爱和良苦用心，孩子就能独立面对生活了。

5. 教育孩子形成艰苦朴素的生活作风

节俭的生活在任何时候都非常重要，真正聚集生活的财富，除了要"开源"，还要"节流"。家长应该教育孩子将钱用在刀刃上，比如，带着孩子去参加一些社会公益活动，让孩子认识到金钱的真正价值。

别给孩子特殊的家庭地位

现在的孩子大都会存在这样的情况，那就是一切以自我为中心，无论是父母、老师还是同龄人，都要围绕着自己转，平时说话喜欢说："我怎么怎么样……"，也就是说，无论什么事情，都用"我"为主语。这样的孩子，父母如果不善加教育和诱导，等孩子长大后，就会形成唯我独尊的性格。

一些父母为孩子太"独"而发愁，他们只想着自己，不管他人。这样的性格在父母面前没问题，可到了学校，到了社会，他们怎么能够与人和谐地相处呢！孩子以自我为中心的习惯确实是个问题，如果放任不管的话，必然会影响到孩子未来的发展。因此父母应当采取措施，坚决纠正孩子的自我中心习惯。

月月是家里唯一的孩子，当然是深受爸爸妈妈的宠爱。从小时候起，家里所有的人都会不约而同地把好吃的、好玩的留给月月，月月逐渐地变得很"独"。有一次，爸爸下班晚了，实在太饿了，进家坐下后，顺手拿起月月的威化饼就吃起来了。因为，这些饼干已经买回来好久了，月月根本不喜欢吃。然而，月月看到后却立刻发起了脾气，让爸爸把饼干还给他，甚至伸手要到爸爸嘴里去抢，尽管爸爸一再表示第二天一定给他买来更多的，但还是不能说服月月，他不仅哭闹，而且还躺在地上打滚，不依不饶的。最后，还是爸爸说带他去吃肯德基，才阻止了月月的哭闹。

月月的玩具更是丝毫不让别人碰，幼儿园的小朋友刚刚来玩耍，看见月月的天线宝宝非常好玩，便忍不住用手去摸摸，并且对月月说："你的天线宝宝好神气呀！"说话的过程中，他的眼神中流露着对那个天线宝宝的喜爱，刚刚是多么希望能玩一会儿。可是月月却很小气地将天线宝宝藏起来了，并且对刚刚说："这个是我爸爸买来让我玩的，你回家让你爸爸给你买呀！"

生活中，像这样的孩子并不少见，他们凡事都以自我为中心，不关心别人，甚至连自己的父母也不关心。遇到这种情况时，父母们一定要注意了，千万不能放纵孩子的这种心理，否则孩子就会成为一个彻底的自私自利的人，这样的孩子即使再聪明也没有用，因为一个人不能独立地在社会上生存，他必须要和人合作，而这样的孩子是走到哪里也不会受欢迎的。

那么父母们到底应该怎么做呢？

首先，父母们不要给孩子特殊的地位，应该让孩子知道自己在家庭中与其他成员是平等的，对孩子任性做不合理的要求时，要坚决拒绝，以消除孩子"以自我为中心"的意识。父母可以通过各种方式使孩子懂得世界上的一切事物都需要分担、共享，并使其懂得应该经常关心他人，而不能让孩子以自我为中心的心理任其发展。同时教育孩子懂得共享为乐、独享为耻的道理，帮助孩子建立群体意识，这样可以使孩子以自我为中心的行为逐渐减少。

其次，父母不应给孩子太多的关注。有位母亲非常疼爱她的孩子，她把自己的全部注意力都放在孩子身上，"宝宝不要乱跑！""宝宝，你没摔伤吧？""宝宝，妈妈帮你把扣子扣好！"……结果这个孩子越来越任性，越来越难管。

教育学家认为如果孩子从小在家庭中处于中心地位，父母给予太多的关注，那么这个孩子在长大以后并不能意识到自己已经是大人了，而依然会对父母表现出很强的依赖性。只考虑自己的存在，而不考虑他人的存在，只对自己有利的事感兴趣，而对其他人和事根本不去关心，所以当父母遇到孩子独占、抢夺别人东西的时候，应当反省一下自己的教育方法，给孩子太多关注是不必要的，父母应当尽量让孩子感觉自己与其他家庭成员一样都是平等的。

另外在日常生活中，父母应有意为孩子制造与同伴交往的机会，教育孩子要学会分享，比如当孩子吃东西的时候，教给他要分给别的小朋友；当他有了好玩的玩具时，教给他和其他小朋友一起玩才会有趣。父母最好引导孩子和比他大的孩子在一起玩，这样较大的孩子不仅可以适当带领、照顾他，而且可以培养孩子与伙伴友好合作的意识，教育孩子虚心学习伙伴的长处，尊重别人的意见，珍惜与小伙伴之间的友谊，不把自己的想法强加于人，可以制止他的某些"自我中心"的行为。父母帮助孩子从狭隘的圈子中跳出来，引导孩子设身处地地替他人着想，以求理解他人，并教给孩子尊重、关心、帮助他人。

如果父母不在家庭中给孩子特殊的地位，那么孩子就不会事事以自我为中心了，因此要纠正孩子的这种不良心理，父母还要从自身做起。

孩子脆弱的自尊心万万伤不得

中国有句古话："人前教子，背后教妻"。在中国，父母当着很多人的面大声呵斥孩子的现象比比皆是。但实际上，孩子也有自尊心，父母不管在什么情况下，都要尊重孩子的自尊，以保护孩子的"面子"。

曲鹏的学习成绩还不错，全家人的希望都寄托在他的身上，希望他可以考上名牌大学。曲鹏的父母都非常严厉。

记得有一次，曲鹏的考试成绩不理想，刚好那天亲戚朋友都来做客，曲鹏拿着成绩单偷偷摸摸走了进来，生怕爸爸妈妈会数落自己。爸爸在和亲戚朋友聊天之后，刚好一眼瞄到了偷偷摸摸朝着卧室走进去的曲鹏。爸爸便叫道："鹏鹏，过来。"曲鹏听到爸爸在叫自己，只好硬着头皮走了过去。爸爸笑着说："鹏鹏，考试成绩拿回来了吗？"曲鹏结结巴巴地说："拿……拿回来了。""给我看看！"爸爸语气强硬地说，同时伸出了一只手，曲鹏只好从书包里拿出了自己的成绩单，爸爸一看：数学88分，语文80分，英语80分，眉头立刻就皱了起来，朝着曲鹏说了一句："考这么少的分你还有脸回家！"曲鹏被羞得满脸通红，转身跑回了自己的房间，当晚就离家出走了，只留下一封信：

"爸爸妈妈，别找我了，我没脸回家了！"

案例中的曲鹏之所以失踪，主要是因为考试的失利被爸爸拿出来当面羞辱，自尊心受到了很大的打击。自尊是人活在世上的根本，也是人进步的动力。作为父母，一定要维护好孩子的这种自尊心，只有这样，孩子才可以用健康的人格和心态去迎接社会。现实生活中，很多父母面对孩子情绪不稳定或者陷入困境的时候不是采取鼓励的措施，而是一味地打压或生硬地斥责。还有的父母，一味地希望自己的孩子可以按照自己的意愿行事，最终导致孩子形成了叛逆和自卑的心理，其实这些都是对孩子的不尊重，不仅伤害了孩子的自尊，而且逼孩子走上了极端的道路。

1. 在生活中寻找值得赞赏的事

孩子在做坏事的时候希望可以引起家长的注意，在做好事的时候也希望得到赞赏，这不但能增强孩子的自尊心，而且能提高孩子的自我价值观。哪怕只是生活中的一些小事，家长也应该对孩子给予认可。

2. 抽时间单独和孩子在一起

有的父母工作繁忙，没时间陪孩子，虽然如此，家长也要抽出时间和孩子单独在一起，做到这一点最好的方法就是将和孩子在一起的时间列入计划当中，比如散步、郊游等，这对于父母和孩子之间的感情联络来说至关重要。家长和孩子一起玩耍的时候应当遵守孩子的规则，尽量不要超出孩子的水平。

3. 尊重孩子的个性

每个孩子都有自己的个性特点，每个孩子都有不同的感受事物的方式、玩耍的方式、思维方式、学习方式、享受方式，正是由于这些个性特点，才让孩子显得与众不同。家长应该尊重孩子的个性，一定要了解自己的孩子，根据孩子的个性打造孩子的独特人生，让孩子变得更加自信。

4. 孩子也是要面子的

孩子和成年人一样，也是要"面子"的，需要得到众人的尊重。当孩子做得不好时，家长不加以考虑直接指出来时，会伤害到孩子的自尊。如果你当着别人的面前训斥孩子，孩子以后的问题就会越来越多，而且越来越不听话。因为你不给孩子留面子，当着亲戚朋友的面前数落孩子，那么孩子的情况就会变得更糟，他就会变得可怜而懦弱，甚至会成为偏激者。所以，父母一定要记住，不要当着外人的面教训孩子，否则，你的抱怨会毁掉孩子的社会形象，同时毁掉自己在孩子心目中的形象。

5. 不要总是负面评价孩子

通常来说，孩子的学习成绩差或者在竞争的过程中受到挫折的时候就会出现负面情绪，这个时候，家长要对孩子有一定的引导策略。比如，孩子考试的成绩不理想，不能侮辱孩子"你怎么这么笨"，而是应该和孩子一起分析成绩下降的原因，以免孩子将失败的原因归咎在自己能力差上。家长应当引导孩子在竞争的过程中学会分析自己的能力、任务难度、客观环境等。

不要以自己的喜好去扭曲孩子的性别认知

很多家长在孩子小的时候对孩子的引导作用都是非常大的。经常会有家长抱怨，怎么我儿子动作行为女里女气的？怎么我女儿天天穿男孩子的衣服？你可能回想过是不是自己或家人曾对孩子的性别有过错误性的引导，导致孩子开始不认同自己的性别？要知道，培养孩子的自我认同心理对孩子的未来发展是大有益处的。

董凯的爸爸妈妈总希望自己可以生儿子，但是连续生了三个孩子都是女儿，董凯是最小的一个，所以从小父母就把董凯当男孩子养，连名字都取得和男孩子一样。

从小，董凯的爸爸妈妈就给她穿男孩子的衣服，给她买男孩子的玩具，等到董凯 7 岁的时候，已经完完全全像个小伙子了，就连头发都剪得短短的。而且，董凯从来不和女孩一起玩，她觉得女孩太拖沓、娇气，而男孩子就好很多，他们不会哭闹，而且会带着自己玩更好玩的东西。董凯经常会问自己的妈妈："我究竟是男孩还是女孩？"很多时候，妈妈还没有回答，爸爸就对她说："你是爸爸的三儿子。"之后抱着她亲昵一阵。

很明显，案例中董凯的父母引导女儿更倾向于男孩子，对性别的认同是自我认同感的一个方面，一个人，只有喜欢、认可自己才可以被喜欢，才能有勇气和自信去赢得别人的认同。每个孩子都是独立的个体，都有着无法复制的特征。孩子在父母心中拥有着无法代替的位置。一个孩子只有喜欢并接受自己、相信自己，才有勇气在人生道路上勇往直前、无所畏惧。

对于成长中的孩子来说，自我认同的缺失很多时候都是父母的教育导致的，比如案例中的董凯，再大一点儿她可能都不太清楚自己究竟是男孩还是女孩了。父母从小就给董凯贴上了"男孩"的标签，让她产生一种"当男孩子更好"的心理，不知道该怎么做回女孩子。那么家长该如何做才能让孩子拥有自我认同的心理呢？

1. 让孩子喜欢自己的性别

孩子出生之后，性别就是固定了的，父母不应该因为自己的喜好就给予孩子错误的引导。孩子只有获得自我认同，才能以自己的性别身份生存、生活、与人交往，进而赢得自我价值的肯定，对于那些不喜欢自己性别的孩子，家长应当采取措施进行相应的引导。而案例中的董凯的父母就因为自己对性别的喜好而对董凯进行了错误的引导，导致孩子不认同自己的性别。

2. 扩大孩子的交友范围

家长应当扩大孩子的交友范围，朋友的认可可以帮助孩子产生归属感，他们经常会分享自己感兴趣的事，陪着孩子打发时光，给孩子带来快乐。真正的朋友是在对方遭遇麻烦时不离不弃，并且提供支持。真正的朋友对于孩子获得身份认同、建立培养社交能力、带给孩子安全感等都是非常重要的。朋友是孩子的延伸，作为父母要明白一点，拒绝孩子的朋友就是在拒绝孩子本身，这会导致父母再想开口对孩子说他交错了朋友的时候变得更加困难。如果孩子的朋友想要破坏你的计划，挑战你的价值观而引起你的担忧，那么你采取行动试图将他们排除在朋友圈外之前必须慎重考虑。他们可能都是正常的孩子，不过是想挣脱大人的束缚，在你禁止做任何事前，一定要主动和孩子交谈，禁止可能导致事与愿违的后果。

3. 引导孩子战胜失败

自信源于成功的暗示，恐惧源于失败的暗示，积极暗示形成之后即可助孩子走向成功，消极暗示若是不能及时消除，就会影响到孩子未来的成功道路。父母是孩子人生道路上的导航者，孩子成长的过程中很容易出现消极心态，父母应当给予及时的排解，培养出勇敢、积极的孩子。

培养适应能力，缓解孩子的分离焦虑

很多家长觉得疑惑，自己的孩子为什么一和自己分开就又哭又闹的？已经到了上幼儿园的年龄，可幼儿园的老师总是打电话说自己的孩子不好哄。每天早上去幼儿园，孩子是不是会问你"妈妈，今天可不可以不去幼儿园"，随后就是孩子拒绝穿衣服、鞋子，拒绝上妈妈的车……一早上，让准备上班的父母焦头烂额。

蒋明哲今年 3 岁半了，马上就要送到幼儿园了，可是蒋明哲是个胆小的孩子，已经到幼儿园好几天了，每天又哭又闹，拒绝吃饭，一个劲儿地喊"妈妈"，吵着闹着要回家。幼儿园的老师安慰他时，他却又推又踢又咬，以发泄内心的不满，每天放学后都带着红肿的双眼回家。后来，蒋明哲变得越来越孤僻，不愿意和其他小朋友玩耍，也不愿意其他小朋友接近他。午睡时，他甚至要求与其他小朋友分睡。

每天妈妈来接他时，看到妈妈他的眼泪就会"刷"地流下来，对妈妈说以后再也不去幼儿园了。妈妈好言相劝，温柔安慰，可效果不佳，最后妈妈只好与幼儿园的老师沟通，交流经验。

幼儿园的老师告诉蒋明哲的妈妈说他的这些表现主要因环境改变所致，蒋明哲无法适应新环境，只要妈妈对其进行正确引导，告诉孩子他已经长大了，是大人，这样他就能接受需要独立的事实，等蒋明哲适应新环境后，自然就能摆脱由于与父母分开产生的"分离焦虑"。

后来，妈妈配合幼儿园老师对蒋明哲进行引导，一段时间以后，蒋明哲虽然还是会想妈妈，可已经不像之前那样哭闹了，与小朋友们的关系也逐渐融洽起来，慢慢地融入到集体之中。

案例之中的蒋明哲刚到幼儿园时面对一个陌生环境，与父母分开，情绪变得焦虑不安，是典型的"分离焦虑"。但是最终在妈妈、老师的帮助下走出了阴影，融入幼儿园这个集体中。

可能有人会疑惑，什么是"分离焦虑"啊？比如，妈妈在孩子睡着之后离开房间，孩子醒来后发现妈妈不在，又没有其他可以依附的对象，就会产生焦虑。这样的情形反复出现，孩子就会产生分离焦虑。

很多孩子刚上幼儿园时，由家庭生活变成幼儿园的集体生活，环境发生改变，心理上就会出现起伏。年纪小的孩子从此时起要摆脱对父母的依赖，接受新生活。此时的孩子内心之中非常焦虑、胆怯，即将面临新生活还会产生惶恐。这样一来，孩子就会产生"分离焦虑"，拒绝上学、离家，在学校中又哭又闹。父母应当想办法帮孩子渡过这个难关，让孩子独自面对生活，对于孩子意志力的培养大有帮助。

其实，无论哪一年龄阶段的孩子与父母分开时皆可能产生不同程度的焦虑，父母不用太过紧张，这是正常现象，不能因此而过分呵护、娇惯、溺爱孩子，否则孩子会产生过强的依赖性，缺乏独立性、自理能力等，这样的孩子离开家后，进入到陌生的集体中会产生比普通孩子更强的依赖性。因此，父母平时教育孩子应当注意培养孩子的独立能力，等到孩子产生分离焦虑时，父母可从以下几方面缓解孩子的焦虑。

1. 让孩子做些力所能及的事

家是孩子的避风港湾，因此孩子依赖父母很容易理解，随着孩子年龄的增长，孩子会逐渐独立，父母应当有意识地降低孩子对父母的依赖，比如，生活中尽量让孩子做些力所能及的事，让孩子拥有成就感，逐渐提升其自信心。

2. 引导孩子和他人沟通、互助

多为孩子创造与其他孩子沟通、互助的机会，为孩子提供适应集体环境的机会，以及在与其他小朋友的互动过程中的社交乐趣，让孩子对校园生活充满期待、向往。

3. 让孩子和老师、同学建立新依赖

分离焦虑为孩子离开后产生不安全感所致，想让孩子到了新环境中不焦虑，要让孩子和老师、同学之间建立新依赖。父母平时多在孩子面前夸赞老师，告诉孩子老师会与他一起做游戏，给他讲故事，教给他各种知识，让孩子对老师产生好感，建立新依赖。

4. 注意培养孩子自理能力

产生焦虑主要因为孩子自理能力差所致，孩子上幼儿园后，很多事情需要自己动手去做，可自己却不会做，就会哭闹，特别是吃饭、睡觉时就会想起妈妈。因此，孩子到幼儿园前，父母应当对孩子进行必要的自理训练，让孩子自己去吃饭、穿衣服等。

杜绝强权教育，不要一味逼迫孩子顺从

中国家庭典型的教育方法就是用教训和指挥的口气教育孩子，比如，经常用"你必须……""你一定……"的口吻来教育孩子，这种教育方法可能在孩子年纪尚小的时候还有些作用，但是等到孩子稍微大些，就会对父母的这种教育口吻表示出自己内心极大的不满，并表示抗议。

张逸轩读中学时，刚刚进入青春期，那时他表现得非常叛逆。

那个时候如果按照班级的学习成绩进行划分，张逸轩属于中等水平，不好也不坏。但他总是和那些学习成绩不好的学生混在一起，因为他们从来都不关心成绩的问题，在学习上没有压力，过得很是自在逍遥。年纪大一点儿的同学，还与社会层面的人有联系，有的则以"大哥""二哥"来称呼，显得非常酷。于是他也尝试模仿，还学会了抽烟、逃学。结果他的成绩直线下降，成为班里的倒数第四名。

后来张逸轩的母亲知道了这件事，由于丈夫在外地出差，她实在不知道如何处理。那天，张逸轩回到家中，妈妈马上叫住他："看看你现在的样子，整天不学好，你总分考了多少，不觉得丢人吗？"

事实上，张逸轩看到自己考的成绩以后就很后悔，他原本是一个比较老实的孩子。但是对于妈妈的批评，他感觉非常刺耳。这孩子的脾气一下子上来了，于是对着妈妈吼道："我就是不学，我就是不想学，我不想上学！"

这下子，妈妈被激怒了："你现在怎么变成这样了？你看你那样子！敢对我发脾气了是不是？"

张逸轩跑回自己的房间，将房门狠狠地关上。接着，屋子里传出了砸东西的声音，声音停止之后，便是张逸轩的哭声。

母子俩一直也没有说话，到第二天中午，张逸轩主动来到母亲的房间，走到妈妈跟前："妈妈，我错了。"

案例中张逸轩的妈妈教育孩子的口吻在中国很典型，但是张逸轩的妈妈给了孩子冷静的时间，而不是一味地逼迫孩子遵从自己为他设定的抉择。父母经常会俯视和责备孩子，孩子长期活在父母的教训中会丧失学习的动力和激情，对于父母，他们躲都来不及，更不会亲近。特别是进入青春期的孩子，在父母的打击下，不是选择反击就是选择忍受，这非常不利于孩子的成长。因为每个孩子成长的过程中都有逆反阶段，青春期时逆反心理更强，家长要做的是引导而不是教训。

1. 把孩子当成大人对待

十几岁的孩子多半不愿意父母继续把自己当作孩子对待，他们已经有了自己的想法，也懂得如何思考，虽然思考方式还有点儿幼稚，可父母不该嘲笑孩子，而是要端正孩子们的思想，帮孩子开阔视野。这个阶段的孩子自我意识增强，开始逐渐意识到不同于儿童时代的"我"，这个时候的他们发现，自己并不是父母和老师的"附属品"，他们渴望和原先的自我、父母的依赖决裂，开始寻求真正的自我。如果父母或老师在这个时候管教他们，他们就会觉得自己被压制了，又成了他们的附属品，他们就会"发泄"自己。

2. 适度关心孩子

家长应当让孩子能感觉到父母对自己的关心和疼爱，叛逆期的孩子感情是非常脆弱的，只不过他们不愿意表露出来。只要适度关心孩子，孩子的内心就能得到安慰。注意，是适度关心孩子，过度关心反而会让孩子觉得反感。

3. 引导孩子沟通交流

叛逆期的孩子总是一副心事重重的样子，但是对他们而言很多时候重要的事在父母看来很幼稚，因此大部分孩子并不愿意和父母交流这些事，此时父母应该引导孩子沟通交流，设身处地为孩子着想，将他们的事当成自己的事，感受他们的心情，让他们明白自己的重视，明白自己并没有嘲笑或看不起他们。

第五章

关注成长敏感期，因势利导
培养天才儿童

每个孩子都有一段时期特别任性

在与孩子长期相处的过程中，家长会发现每个孩子从上幼儿园开始，就知道自己的位置，比如座位，书包的位置，衣服的位置，鞋子的位置等。知道自己什么时间该做什么，而且专注于自己的发展。家长不用过于担心，这是孩子发展的任性敏感期，对于他后期的发展大有益处。

张靖童三岁多时，突然从某天开始出现一些奇怪行为，他在玩自己的数字小火车时，会执着着按 0 ~ 9 的顺序一个个排好，要是妈妈给他换了位置，他就会重新按顺序排好。每次出去玩完回家之后，他都会把自己的鞋放在鞋架上的固定位置，而且他还会告诉自己的爸爸妈妈鞋子要放在固定的位置，有时候妈妈随便放了鞋子，他就会重新摆弄一遍。在很多事上都是如此，就好像孩子有点儿强迫症一样。

有一次，妈妈带着张靖童一起去叔叔家做客，他非要自己下楼梯，可是当时叔叔的车已经在楼下等他们了，为了赶时间，张靖童的妈妈直接抱着小靖童就往楼下走，张靖童在妈妈身上一直扭个不停，非要自己下来走，哭闹不止，妈妈气得在他的屁股上狠狠拍了两巴掌，这让张靖童反抗得更激烈了。上车后，妈妈刚把小靖童放下，他就独自气冲冲地坐在座位上哭起来，不让妈妈抱着。叔叔看小靖童这么伤心，就问他哪里不舒服。他哽咽地说："我……我要下车。"叔叔平时很疼爱小侄子，就把他放下了车，他直接跑到了楼上，自己又从楼梯走了一遍，当他的脚刚走到楼下最底层的时候，立刻破涕为笑。

　　案例中的张靖童其实就是处在秩序敏感期，无论做什么事情，他都会依据自己内心的秩序来完成，如果家长擅自替他做主，他就会吵闹不休，而且哭着要将事情再重新做一遍。因为秩序的破坏会让他们缺乏安全感，秩序的混乱、情绪的混乱、心理的混乱会让孩子将所有的精力花在和无秩序环境的对抗上。家长应该理解这个时期的孩子，站在孩子的角度理解孩子，对于孩子的合理要求应该尽量满足，一些无法满足的要求，应该跟孩子讲道理，让孩子明白其中的缘由。那么面对孩子的任性敏感期，家长该怎么做呢?

　　1. 防患于未然

　　这个时期的孩子任性通常没有什么规律，父母可以留意观察孩子在什么情况下易任性，这种情况临近的时候，家长可以向孩子提出相应的规矩。比如，孩子如果在和外公外婆在一起的时候比较任性，那么家长在带孩子到外公外婆家之前就要给孩子打好预防针。

　　2. 和孩子讲讲道理

　　如果孩子的无理要求得不到满足的时候，家长应该利用童话、故事等方式给孩子讲道理，避免孩子任性，不过要及时，不能等到孩子的这个错误都犯了很久才想起给孩子讲道理，那么孩子是不能联想到究竟自己犯了什么错。

　　3. 激将法帮孩子摆脱任性

　　孩子都比较好胜，喜欢听好听的话、被人戴高帽子，家长如果顺向夸奖孩子的某个长处，为孩子的"转变"找个台阶下，或者用激将法激孩子几句，这样即可帮助孩子摆脱任性的情绪。

4. 帮助孩子转移注意力

孩子经常任性地做一些家长认为不该做的事，不管家长怎么阻拦他都必须做下去。如果这个时候刚好有另外一件吸引他的事情，那么他就会忘记自己手头要做的事情，也就不再那么任性了，这是因为孩子的注意力被转移了。孩子任性是很容易转移的，家长可以在孩子任性时，利用当时的情境特点，设法将孩子的注意力转移至可以吸引孩子的别的、新颖的事物上。这种方法用在孩子任性初期非常灵验。

5. 对孩子进行冷处理

孩子任性耍脾气的时候，家长可以不去理睬孩子，等到孩子自己闹够了，自然就不会继续生气了。

6. 自我强化

孩子如果用不吃饭来要挟家长，那么家长不妨让孩子饿一次肚子，等到孩子体会到饿肚子的滋味之后，自然也就会牢牢记住这次教训，不再那么任性了。

将孩子追求完美的心理变成强烈的进取意识

为什么三五岁的孩子对周围环境的一些细节有那么高的要求？比如：床单上有一点儿灰尘，桌子上有一颗西瓜子，衣服上的小线头，地板上的一滴水等，他们都必须指出或干脆自己清理，似乎只有这样做才能心满意足。其实这就是孩子追求完美的敏感期。

周旋今年 3 岁了，妈妈发现周旋变得有点儿"较真儿"。吃西瓜的时候，妈妈必须把西瓜上的每一粒西瓜子都清理干净她才肯吃；吃点心的时候，哪怕只是掉下一点点的小渣滓她都必须捡起来吃掉。

有一次更离谱的，周旋晚上有尿尿的习惯，每天晚上尿完之后，早上周旋都会亲自将尿盆里的尿倒入马桶，然后自己踮起脚尖按下马桶的抽水器，将马桶冲干净。但是那天，妈妈急着带周旋去姥姥家，早上起床后就急匆匆地帮周旋将尿盆倒掉了，周旋一看妈妈倒了自己的尿盆，竟然大哭大闹，说什么都不答应。直到后来，妈妈把马桶里的水抽出一些放到尿盆里，让周旋自己再重新倒了一次她才罢休。

自从周旋 3 岁之后，她就成了家里的"小大人儿"，家里的很多事都必须由她来完成，规矩也是由她自己制定，比如爸爸的鞋子放在哪、妈妈的鞋子放在哪，爸爸坐哪把椅子，奶奶用什么颜色的碗等。

其实，案例中的周旋的这种行为就是孩子进入审美和追求完美的敏感期的表现，对于这个年龄段的孩子来说，世界上有一种不变的程序与秩序，就是幼儿最初的逻辑关系。因此经常出现这种行为：孩子突然变得喜欢打扮了，喜欢按照自己的喜好穿着，不喜欢有瑕疵的东西，突然喜欢上妈妈的高跟鞋等。很多家长对于孩子的这一突然变化难以理解，其实这些都是孩子进入了审美和完美敏感期的表现。等到孩子进入这一阶段之后，最先发生改变的是孩子的饮食，之后就是对事物的要求的改变。比如，一张纸的四个角必须是完整的，衣服不能掉扣子等。

孩子追求完美其实并不是什么坏事，父母应该保护孩子的这种苛求完美的天性。孩子开始追求完美，说明他们的世界正在逐步走向深入与丰富，等到他们开始在自己的吃、穿、用上追求完美的时候，就会将注意力转移到自己的身上。

女孩在完美敏感期的时候会变得更加爱美，开始对妈妈的化妆品产生浓厚的兴趣，甚至会偷偷用妈妈的化妆品把自己化成"大猫脸"。等到孩子过了4岁之后，审美意识会影响到她一生的审美能力，之后他们会逐渐变得挑剔，会对环境、品质、艺术作品等进行挑选。此时的儿童可以敏锐地感知到环境与气氛的变化，挑选出美好的生活环境和艺术作品。等到孩子五六岁之后，他们就会明白口红不是抹得越多越美，也明白了衣服不是花色越多越美。其实这些都是孩子经过不断探索之后得出来的结论。他们会越来越表现出自己对良好环境的喜爱。那么家长该如何引导这一时期的孩子呢？

1. 尊重孩子，应该注意孩子不是家长的附属品，是具有独立人格的，应享有快乐的童年。

2. 把握好每个发展阶段，了解孩子的动作与情绪发展，根据不同的时期给孩子提供不同的帮助，帮孩子顺利渡过每个敏感期。

3. 家长应为孩子营造良好的学习环境，根据孩子不同时期的发展需求，给孩子营造不同的学习环境。

4. 给孩子尝试和探索的机会。家长应该给孩子足够的尊重和信赖，还要给予孩子探索的权利。

5. 家长要足够宽容，给孩子犯错的机会，孩子的成长需要不断尝试，犯错也能磨炼孩子的意志。

抓住语言敏感期，培养孩子语言能力

很多家长都遇到过这种情况：孩子3岁左右，可以清楚地说出词语之后，就变成了一个小话痨，每天"嘟嘟嘟嘟"说个不停。其实这就是孩子进入了语言敏感期，他的语言能力进入到了快速发展的阶段。

吴佳欣今年已经3岁了，从今年开始，佳欣突然变得特别爱说话，总是有很多问题，奶奶戏称她为"十万个为什么"，而且佳欣很喜欢重复成人说的话，比如，妈妈经常给爸爸打电话说："亲爱的，中午吃什么啊？"佳欣在看到小姨的时候就对小姨说："亲爱的，中午吃什么啊？"逗得全家人哈哈大笑。不过有时候妈妈也疑惑，我的女儿怎么突然变得这么"贫"了，每天说个不停。

有时候爸爸出门，佳欣还会在一旁"唠叨"个不停，就像妈妈平时对爸爸的"唠叨"一样，什么"爸爸你要小心开车啊""爸爸你要记得吃午饭""爸爸你一定要系好安全带""爸爸你记得别闯红灯"……

孩子从出生到掌握语言，通常需要3~4年的时间，语言发展的关键期是2~4岁。这个时候学习语言效果最佳，获得的语言习惯最易长期保持下去。到了3岁左右，孩子开始对句子表达意思感兴趣，开始重复或模仿他人的话，此时，孩子总会一遍遍重复大人的话，一旦孩子的口语变得越来越丰富，就是进入到了学习书面语言的关键时期。

儿童语言的敏感期是暂时的，如果家长可以让孩子在这段时期处在良好的语言环境中，孩子就能轻松掌握某种语言，一旦错过这个时期就是终生错过了。

三岁左右的孩子的口头语言能力发展到一定水平之后，就会常常提出一些问题，比如"为什么公鸡在早上叫""为什么我是女孩""为什么这个小鸡玩具会蹦"等，此时，家长应该抓住这个语言发展的敏感期，将文字语言工具交给孩子，在孩子的语言敏感期进行适当引导，这样能有效提升孩子的语言表达能力。家长可以从以下几方面对孩子进行引导：

1. 鼓励孩子表达自己的想法与感受

由于孩子处在语言敏感期，因此，家长要积极鼓励孩子说出自己的感受与体验，同时表达出自己内心的观点，进而培养孩子的语言能力。

2. 挖掘出孩子的语言天赋

有研究表明，家长应该在孩子 4 岁以前教会孩子应该学会的知识，否则孩子长大之后落后于别的孩子的概率就会比较大。虽然这种说法并不一定完全正确，但是对 4 岁以前的孩子进行教育的确很重要。孩子进入语言敏感期后，他的大脑在这个时候有了大幅度发育，到了 4 岁后，他们的大脑发育就会减速。在孩子 4 岁以前，孩子的语言天赋已经很好地表现出来，此时父母除了要教会孩子说话，还要引导孩子发挥这一天赋。比如，鼓励孩子朗诵诗歌，给孩子讲故事，之后鼓励孩子重复等，其实这些都可以在孩子语言天赋的基础上提高孩子的语言表达能力。

3. 和孩子一起发现汉字

在语言敏感期教孩子识字并不仅限于书本与字卡，生活中随处都有孩子识字的情景。比如父母经常带孩子去超市购物，可利用这种真实的环境认识各种蔬菜与水果的名称。到家之后可以给孩子布置卡片超市，做购物游戏。在这种情境中，孩子不但可以将字和实物对应了，而且会很乐于接受，记得更牢。

抓住人际关系敏感期，培养孩子社交能力

每个人都需要朋友，孩子也不例外。等到孩子到了人际关系敏感期，你就会发现他每天都在期待和小伙伴在一起，甚至到了吃饭的时间、有很多好吃的诱惑他，他也还是不愿意回家，想要留下来和小伙伴一起玩。

李安琪今年四岁半了，每次去学校时都会从家里面带一些零食和玩具，到了学校之后看到其他小朋友，就会大方地将自己的零食和玩具分给他们，但前提是对方要和自己玩。当其他小朋友因为零食和玩具答应和李安琪一起玩的时候，她就会开心地说："随便拿吧！"一会儿工夫，所有的零食都被"瓜分"完毕。她便愉快而满足地和小朋友嬉戏追逐。但是李安琪也会苦恼地回到家中，对妈妈说："没有人和我玩！"李安琪会表现出自己对交往的看法："妈妈，为什么小朋友们有时候和我玩，有时候不和我玩，零食都不能让他们和我玩。"李安琪的妈妈不知道该如何安慰孩子，只是紧紧地搂着她，让她感受到妈妈给

予她的支持。

有研究表明，儿童人际交往的敏感期首先通过食物产生连接，就是"谁和我分享零食，谁就是我的好朋友"。但是，两三个月后，儿童就会发现一个秘密，在我没有好吃的东西的时候或者他们把自己的好东西吃完后，关系就会很快结束。儿童发现这个秘密之后就会找一个不会消失的东西和周围小朋友建立关系，即玩具。儿童于最初通过分享玩具给对方玩，或和对方交换玩具，或把玩具赠送给对方的方式建立联系。几个月后，很多孩子会发现，把自己的玩具给对方后，对方得到这个玩具后就可能结束玩伴关系。此时儿童再次发现，通过玩具也无法维持一个正常的交往关系。因此，经过几个月的时间后，儿童会再次放弃这样的关系。最终儿童会发现，交朋友必须要和对方有相同爱好和兴趣，或者我喜欢他，或者他喜欢我，或者双方都可以相互理解。志趣相投的更容易交朋友，和这样的伙伴一起玩才能达到真正的和谐。那么家长该如何引导处在人际交往敏感期的孩子交到好朋友呢？

1. 鼓励孩子平等交友

孩子交友的过程中，家长应该教育孩子信赖朋友、珍惜友谊，避免怨恨、怀疑、敌视他人，也不能无故欺负比自己弱小的孩子。

2. 给孩子处理问题的空间

想让孩子将人际关系的敏感期发展好，就要让他自己完成这样一个周期，在这个过程中，家长应当给孩子空间，让孩子独自处理问题，直到孩子需要成人介入的时候再辅助孩子解决问题。介入时不是告诉孩子该怎么做，要倾听孩子说出他们之间的纠纷，让孩子自己找出关系中存在的问题。也就是说，这个阶段的儿童拥有发现、分析和解决问题的权利，同时拥有设计出解决问题的计策与方案的自由。家长千万不要剥夺孩子这样的自由。这样才能让孩子顺利渡过人际关系的敏感期，顺利进入到下一个周期。

3. 父母要肯定孩子交朋友的行为

如果孩子交到了朋友，家长应该由衷地替孩子开心，并对孩子说："很高兴你交到了自己的朋友，以后要和好朋友分享自己的零食和玩具哦。"或者说："妈妈也想见见你的好朋友，下次妈妈再去学校接你的时候你要把他介绍给妈妈认识哦。"

4. 如果孩子没有朋友，妈妈要积极帮孩子找朋友

如果孩子还没有找到朋友，妈妈应该鼓励孩子和附近的小朋友一起玩，或者和亲戚、朋友家的孩子一起玩，同时适时和孩子讨论他们交往的情况，并帮孩子分析、做出选择。

5. 欢迎孩子的朋友来家里做客

父母应该热情地欢迎孩子的朋友来家里做客，孩子的朋友进门之后，父母应该说："欢迎你"或者"很高兴你来家里玩"，而且要鼓励孩子认真接待自己的朋友，让孩子的朋友可以感觉到你的支持和赏识。

6. 引导孩子交正确的朋友

如果孩子陷入到了不当的交际圈中，父母也不能听之任之，而是要充分利用孩子喜欢交往的心理，正确引导和帮助孩子建立起纯真的友谊。父母应该鼓励孩子积极参加各项有益的活动，但是必须让孩子明白哪些朋友不能交，如果你对孩子的朋友某个方面不满意，要当着孩子的面严肃地说出来。

抓住色彩敏感期，培养孩子对美的感触

当我们在雨过天晴的白天见到彩虹时，我们的内心一定无比激动。那五颜六色的彩虹，横贯整个天空，多么美丽！当我们在辽阔无边的大草原上看到满世界的绿色，我们的内心一定是心旷神怡。那一望无际的绿草铺满整个大地，多么舒畅！当我们见多了世界上那么多为人称道的美丽，一定会感激父母赐予我们一双明亮而健康的眼睛。

人们都说，眼睛是心灵的窗户，能够通过眼睛与内心交流。这么说来，我们的视觉就显得尤为重要了。此刻，作为父母的你，在面对自己的孩子时，也一定想让他拥有这么一双明亮而健康的眼睛吧！

如何培养宝宝的视觉能力，是很多家长都迫切想要知道的。那么，作为父母是否要付出很多努力才行？实际上，这些事情操作起来并不困难，只要是有心的父母都可以顺利完成。所以千万不要因为麻烦而放弃了这绝好的"视觉敏感期"。

杨旭聪的爸爸是一名优秀的画家，对颜色有着绝对的敏感，他希望自己的儿子将来也能跟自己一样，对颜色和图画有着特殊的天赋。

半岁的聪聪还不会说话，不会走路，心急的聪聪爸爸就开始想方设法地拿各种图画给他看，有时还会讲解自己的作品。但这种做法却得不到聪聪妈妈的认可。

聪聪妈妈说："孩子还没有意识，现在培养他为时过早，况且孩子看到这些图画一点儿反应也没有。简直就是耽误时间！"

聪聪爸爸却不以为然："培养孩子要趁早，别人家的孩子也是趁早接受培养的，即便宝宝看不懂图画也听不懂讲的是什么，可这也算是一种熏陶啊！"

聪聪的爸爸妈妈一直因为这件事而争执不下，已经好几天不说话了！

周末，聪聪爸爸推着聪聪在阳光底下散步，心里一直琢磨着：如何才能让宝宝更好地得到培养，将来成为像自己一样优秀的画家呢？走着走着就来到了小区楼下的绿荫底下，阳光透过繁茂的树叶洒在树下乘凉的居民身上，甚是安逸。

这时，聪聪爸爸恰好遇见了隔壁的邻居，邻居一见到聪聪立刻跑过来逗个不停。邻居俯下身子看着躺在婴儿车里的聪聪说道："聪聪，干吗呢！嗯～散步呢！"然后又转身对聪聪爸爸说："您家聪聪长得越来越像你啊！将来肯定是个大帅哥！哈哈……"

聪聪爸爸连忙笑道："哪里哪里，您太夸奖了！我只希望他能跟我一样，成为一个画家，喜欢画画就行了！"

邻居拍了拍聪聪爸爸的肩膀安慰道："孩子才这么小，你就惦记他以后当画家了，你可真够有趣的。不过不用担心，将来他肯定能成为一个有用的人！你也别太着急，别把孩子的欢乐时光都拿来学习和画画！"

说完，邻居又俯下身子逗聪聪，聪聪盯着邻居，竟然笑了！看起来可高兴了！小手还到处抓呢！这下可乐坏了邻居，非说将来要认聪聪当干儿子。

聪聪爸爸却觉得奇怪，为什么以前邻居逗儿子的时候，儿子就没这么大反应呢？难道儿子现在开始认人了？他一边质疑，一边也俯下身子观察自己儿子的变化。没想到，儿子看见爸爸也高兴极了，又是笑又是抓……

聪聪爸爸发现，只要自己俯下身子，儿子就会高兴地抓来抓去，但是自己站直了身子，儿子就对自己视而不见。难道儿子是想亲近自己？想到这里，他伸出手，俯下身子，打算和儿子亲昵一下。可他伸出的手在空中，儿子却没有抓住。儿子的手在空中一抓一抓的，正玩得高兴呢！原来儿子并非因为自己和邻居而高兴，而是对空气中的某种东西产生了兴趣。

想到这里，聪聪爸爸告别了邻居，推着儿子走到了另外一边，这边的绿荫更多一些，稍微凉快点。他打算在这里好好观察一下儿子究竟对什么感兴趣。不过，奇怪的事情发生了，儿子又恢复了平静，不哭不闹，也不笑了，小手也不到处抓了。

难道儿子只对刚才的地方感兴趣？聪聪爸爸又将聪聪推到刚才的地方，阳光洒在聪聪的身上，没过一会儿，聪聪看着来来往往的人，又开始笑了……

聪聪爸爸仔细地观察着周围的事物，却什么也没有发现，他小声地嘀咕：这里除了阳光，什么也没有啊！难道他对阳光产生了兴趣？

为了证实这一点，他反复地将聪聪推到绿荫处和阳光处，慢慢地他开始相信这个想法了。随后，他推着聪聪回到家里，来到阳台上，又利用阳光的光芒来逗聪聪，果然，聪聪又笑了！他急忙上网搜索这究竟是怎么回事，找了半天才发现，原来这就是传说中的视觉敏感期！

一个婴儿才来到这个世界，任何事物都是新奇的，当黑暗的尽头出现了一个光点（一缕阳光），婴儿就会觉得特别新鲜，所以他们对光明与黑暗相对比的颜色先产生好感。婴儿本能地去接近这个光点，直到这个光点完全把黑暗照亮，婴儿也就完全进入到光明的世界了。

许多有经验的家长会在这个阶段给孩子买很多黑白相间的图案来供孩子看，或者利用图画、窗帘、书柜等不透明物体制造出黑白相间、明暗相交的地带引起孩子的高度注意。这样的做法能更好地促进孩子视觉成长，同时对色彩的敏感也会增强。

聪聪爸爸了解了这一情况之后，内心激动万分，他终于找到了培养自己宝宝的合理方法！他将过去有颜色的图画都藏了起来，拿出笔和纸，开始了新的创作。

他一边画画，一边想："难怪我的作品宝宝看了没有反应呢，原来是颜色给错了！以后我要多画一些黑白相间的画，这样儿子就能跟我有更多的话题。"

在我们的日常生活中，父母总是自作主张地培养孩子，自以为方法正确，毫无漏洞，但其实没有什么效果。就好像是吃药一样，虽然我们都会吃药，但一定要清楚自己得的是什么病，应该吃什么药才有效果。如果家长在培养孩子成长这方面，没有"对症下药"，那么就会适得其反。

关于"视觉敏感期"的问题，荷兰的专家指出：雌蝴蝶往往会把卵产在树枝和树干交接的地方，这个地方既安全又隐蔽。当它的小宝宝出生之后，幼虫出壳，会对光线非常敏感。光亮吸引着它，它就朝着树梢最亮的地方爬去，而在那里，有着嫩嫩的叶子供它生存。这叫作动物的敏感期。

我们人类也是一样，刚生下来的孩子会本能地找有光亮的地方，对于一个半年多的新生儿来讲，在成长的过程中，视觉和味觉对他有着无比重要的作用。

实验证明，人类在早先某个阶段，脑内的神经元需要适宜的环境来与其他神经元发生联系，否则，大脑的发育就会产生不堪的后果——永久性障碍。

曾经有位小朋友单眼失明，但医院却查不到任何眼睛受伤的痕迹，也看不到任何异常。经过反复的检查发现，他的眼睛没有任何问题，应该说是完整健康的眼睛。但究其原因，他看不见是因为小时候经常处在黑暗的生活环境当中，没有在视觉敏感期良好地培养视觉，反而限制了视觉的健康发展！

事实上，宝宝们更喜欢明暗相间、黑白交界的图画或背景，而不是我们大人所普遍认为的色彩鲜艳的物体。处在这一阶段的宝宝，更容易被明暗对比强烈的事物吸引注意力，一幅画、窗帘、书柜的书遮蔽阳光形成的阴影是宝宝愿意关注的地方，他们往往会瞪大眼睛全神贯注地盯着这些地方，直到疲惫为止。而由于他的视觉发育并不完善，所以色彩鲜艳的图画对他的视力发展并没有什么太好的效果。

如果家中正巧有一个可爱的，处在"视觉敏感期"的宝宝。我们要尽量给孩子布置一个黑白的世界。但是，作为家长一定要学会变通。因为宝宝的成长非常快。他的视觉也会逐渐成熟起来，对身边事物的辨识度也会提高。所以，家长要根据宝宝的变化来改变周围视觉的刺激。

在生活中，我们不妨多为孩子准备一些黑白色的玩具和卡片。比如，黑白色的扑克牌，黑白色相间的国际象棋，黑白色的靶心图案等，相信孩子一定会非常感兴趣的。

如果宝宝会对镜子、光盘之类反光的东西感兴趣，可千万不要以为他是在臭美，实际上，他是在关注反射的影子。这对刺激宝宝视觉能力可是非常有帮助的。

但是反过来说，如果我们过分地要求自己的孩子，过于频繁地训练，不仅会让孩子产生厌烦的心态，对他的视力缓冲也没有好处，久而久之会让孩子产生视觉上的抵触，也会对视力造成不小的伤害。

视觉敏感期就是在唤醒脑内神经元的过程，或者说这是脑内建构的主要工程。如果这个阶段的孩子视觉上得到满足，也就是经常生活在明暗相交的环境中，那么他在未来的发展当中就会产生意想不到的作用。

抓住音乐敏感期，增强孩子艺术细胞

很多父母在看到孩子在某方面崭露头角时，总是迫切地想要将孩子送到专业的培训机构中，却没想到孩子进入到相应的培训班后就变得没那么喜欢当初让自己手舞足蹈的艺术了。比如，孩子突然很喜欢音乐，会随着音乐声跳舞、哼唱，其实这很可能只是孩子进入了音乐敏感期……

李小璐今年3岁了，每次玩具中响起音乐声，她都会开心得手舞足蹈，有时候还会跟着音乐声哼哼几句，妈妈以为这是孩子的天赋，感到很欣慰，想着等小璐再大一点儿就给她报个钢琴班。但是一段时间之后，通过观察，妈妈发现和小璐年龄相仿的其他小朋友在听到音乐声的时候也会表现得很开心，手舞足蹈。后来通过上网才得知，这个年龄阶段的孩子正处在音乐敏感期。从那之后，妈妈经常会鼓励小璐跟着音乐跳舞，或者唱歌给自己听，并没有给小璐报音乐班，而是打算等到小路自己主动要求报班学习音乐的时候再给她报学习班。

吴国强今年 4 岁了，他对音乐也是颇有兴趣，常常电视机里的动画片一结束，欢快的音乐声响起，他就会跟着哼唱起来："喜洋洋，美洋洋，懒洋洋……""住嘴！唱这么难听，你烦不烦啊！"一旁的妈妈不耐烦地朝着小国强吼道，小国强委屈得得眼泪都快掉下来了，心想，妈妈这么大声地训斥我，肯定是我唱得很难听，从那之后，小国强再也不唱歌了。

陈希今年 3 岁半了，爸爸妈妈都是高中老师，妈妈是音乐老师。小陈希从小在妈妈的熏陶下对音乐表现出了自己的兴趣。每次妈妈弹钢琴的时候她都会非常开心地跟着音乐声跳舞，嘴里还不断发出模仿声。妈妈非常开心，觉得女儿遗传了自己的音乐细胞，于是开始要求女儿每天用稚嫩的手指弹妈妈给她买来的小型电子琴。一个月之后，小陈希看到电子琴就会哇哇大哭，妈妈生气地说："真没出息，一点儿都不像我的女儿！"

三个案例中的妈妈谁的教育方式是对的一目了然。当孩子对乐器发出的声音表现得很兴奋的时候，就说明他们已经进入了音乐敏感期。进入这一时期时，如果妈妈顺从孩子的意愿，及时让孩子接触音乐，那么他将来的音乐天赋就可能被开发出来。如果妈妈进行适当的引导，那么孩子将来真的可能会成为音乐方面的人才；如果妈妈对于孩子发出的稚嫩的歌声表示反感或者急功近利想要让孩子快点儿成为音乐家，那么就很可能会扼杀孩子的音乐天赋。孩子处在音乐敏感期的时候，家长应该谨慎对待，这样才能避免孩子学习音乐的积极性被打消。

1. 分阶段培养孩子的音乐天赋

一般认为，孩子的音乐敏感期在 1 ~ 5 岁之间，时间跨度比较大，培养的方式要有针对性，同时注重分阶段进行。0~2 岁，培养孩子对音乐的感知力与领悟力。2 岁前的孩子的音乐天赋主要表现在对音乐的敏感性，比如，孩子又哭又闹，听到某段优美的乐曲之后就会停止哭闹，将注意力转移到音乐上。2 ~ 3 岁，培养宝宝的节奏感。这个年龄段的宝宝听到音乐时会不由自主地随着音乐手舞足蹈，此时妈妈应该着重培养孩子的节奏感，给他听节奏性比较强的音乐更能吸引他对音乐的兴趣。3 ~ 4 岁进行正规音乐学习。此时可以让孩子由单纯的节奏练习向旋律、音准方面过渡，同时让孩子配合乐曲接触乐谱。

2. 给孩子营造良好的音乐环境

每个孩子都拥有音乐敏感期，妈妈应该在这个阶段满足孩子内心对音乐的需求，这样孩子的音乐天赋才能被最大限度地开发出来。首先，家长应该为孩子挑选合适的乐器，培养孩子的乐感，防止孩子被某些歌曲中的不良音乐诱导。其次，如果条件允许，家长可以给孩子买些音乐设备，让孩子接触不同的乐器，激发孩子对音乐的兴趣。最后，妈妈可以和孩子一同欣赏音乐。

3. 不要用成人的眼光评价、打击孩子

孩子处在音乐敏感期，喜欢哼唱，但是对音乐还没有系统的学习，不过这些已经说明孩子在音乐方面有天赋。家长不能以成人的眼光去评价孩子的歌声，更不能打击孩子。案例中吴国强的妈妈对于孩子的哼唱说出了过激的话，可能是因为工作或家务繁忙心情烦躁，所以才无法忍受孩子发出的"噪音"，却不知道无形之中扼杀了孩子的音乐天赋。

4. 不要强迫孩子学习音乐

有的家长在孩子音乐敏感期觉得孩子有音乐方面的天赋就急于培养，强迫孩子每天练习电子琴、识乐谱等，却没想到遭遇了孩子极大的反感，到最后与音乐无缘。要知道，在音乐敏感期每个孩子都很喜欢音乐，家长千万不能抱着"把孩子培养成音乐家"的心态要求孩子认真学习音乐，否则孩子同样会失去对音乐的兴趣。

理解异性敏感期，给予孩子异性交往的权利

如今，影视节目中经常会出现接吻、拥抱、床戏的镜头，很多家长每天自己看电视的时候，就会时不时担忧地看看坐在自己旁边一本正经看电视节目的孩子，这么多"少儿不宜"的画面究竟该不该让孩子看？

一天，3 岁半的冯轩轩和妈妈一起看正在播出的热门电视剧，当时正好演到了吻戏，妈妈赶忙捂住轩轩的眼睛，哪知道轩轩却把妈妈的手推到一边，一本正经地问妈妈："为什么男人和女人要亲嘴？我怎么没见过爸爸妈妈亲嘴啊？他们也是两口子啊！"一连串的话让妈妈目瞪口呆，孩子这都是和谁学的，谁告诉她电视剧里的两个人就是"两口

子"了？

孩子一天天长大，不断地接受电视、影视中的新鲜内容，一开始他们只是好奇地重复着电视剧里的台词，到后来慢慢地就产生了很多疑惑，尤其是 3 岁左右的孩子，经常会问一些关于性别的问题，比如"我为什么是女孩？""×××为什么站着尿尿？"等。一连串的问题让家长不知所措，甚至回避，岂不知这样做只会让孩子产生更多的疑惑。家长其实不用过于担心，因为孩子之所以对异性的话题产生了兴趣，主要是因为他们此时进入了异性敏感期。

其实从孩子出生的那一刻起，家庭成员关心得最多就是孩子性别的问题，"是男孩还是女孩"。等到孩子 3 岁的时候，他同样也会产生相应的疑惑，他们会对自己和成年人、异性之间的不同产生好奇。比如，为什么男孩有"小鸡鸡"而自己没有，为什么女孩可以穿漂亮的花裙子而自己不能？作为父母，如果你的孩子正在因为各种各样的有关性别的问题"为难"你，不要回避，也不要随意应付，而是要用积极的方式来应对，只有这样，才能帮助孩子顺利度过异性敏感期。

1. 做孩子的性教育启蒙者

在中国，父母谈及"性"这个字的时候就会脸色大变，他们常常选择回避，让孩子自己去探索这个问题，导致很多孩子对"性"更为好奇。父母是孩子的性启蒙者，应该以自然、正常的态度教导孩子正确的性观念，只有这样，才可以避免孩子通过非正面渠道了解"性"，才可以让孩子积极、健康地认识"性"。关于这个问题，家长应该有着坦然的心才可以帮助孩子正确面对性别问题，度过性别敏感期。

2. 从正面的角度教育孩子

孩子的生理课教育不可缺少，如果父母总是回避这个问题，孩子内心的疑惑就会更大，容易促使孩子通过不良渠道甚至淫秽内容了解这方面问题，阻碍孩子的身心健康发展。因此，家长要从正面的角度教育孩子，给予孩子健康而全面的性知识。

3. 充实自己的性别知识，为孩子解惑

很多家长之所以总是回避孩子提出的性别问题，主要是因为他们自己对这些问题也感到疑惑。作为家长，应该首先学习一些关于性方面的知识，充实自己的知识面，了解一些和性教育有关的知识。等到自己有了足够的知识储备之后，再和孩子谈论性问题的时候就会更加自信，可以轻松回答孩子的问题。

4. 用自然的态度恰当回答孩子的问题

三四岁的孩子已经有了初步的辨别能力，所以，进行正确的性教育之前，父母一定要思想纯正，只有这样才可以给孩子提供恰当的性教育，让孩子在自然的情况下吸收知识。对孩子好奇的一些常规问题，家长应该如实相告，而且要用简练、通俗的语言为孩子讲述，只有这样才能彻底帮孩子摆脱疑惑。

第六章

找出厌学的心理结症，让孩子自己爱上学习

孩子为什么会厌学，孩子厌学怎么办

很多家长都遇到过这样的情况，孩子不知道什么原因突然就不想上学了，不管你怎么苦口婆心地劝说他都不愿意再拿起纸笔、书本，甚至无视老师每天布置的学习任务。每天回家不是看电视就是打游戏。家长们可以说为了孩子的学习操碎了心。

林琳今年 17 岁了，读高中二年级。最近却不愿意去学校，整天窝在家里看肥皂剧，将自己关在房间里，也不和父母沟通。父母看到林琳的状态，既心疼又着急，不知道该怎么办。有时候还能听到卧室里传出来的低声呜咽。

林琳的妈妈打电话给老师，老师也说林琳最近上课不认真听讲，常常走神、发呆，习题错误率很高。老师告诉林琳的妈妈，青春期的女孩很容易产生问题，比如早恋、接触社会上的不良少年、任性等。而且高中的学习压力比较大，孩子容易在紧张的环境下产生厌学的情绪。

其实现实生活中，像林琳这种现象并不少见，但是随着社会竞争的日趋激烈，每个孩子都要掌握知识，也正是如此，很多孩子从天真无邪的童年进入到背负压力的学生期，时间久了，他们不会觉得学习是为了充实自己的知识面，而是觉得自己是在为父母学。在残酷的学习竞争中，在一场场选拔考试中，他们被压得透不过气来，最终产生厌学的情绪。实际上，缓解孩子的学习压力是社会性问题，需要整个社会共同努力才能做到，家长背负的是最直接的责任，可以从以下几方面着手：

1. 多和孩子沟通，大致了解孩子厌学心理原因

师生关系恶劣、学习跟不上、与同学关系不好、自身心理素质弱等均会导致孩子厌学。当孩子出现厌学行为时，家长要放下紧张和担心，用平常心和孩子沟通，了解孩子出现厌学的心理是什么原因导致的，之后进一步采取措施，协助孩子成长。

2. 积极和学校老师联系，了解孩子近况

每位老师都会带几十名甚至上百名学生，所以不可能照顾好每位学生。师生关系中情感依恋的缺失，导致相当一部分学生由于学业上的不适应而产生一系列负面情绪，由此形成消极自卑的心理，进一步影响、限制学生的发展。良好的师生关系，与学生保持亲密接触，积极沟通，让学生信赖老师，愿意将自己的真实感受与想法告知老师。所以从老师这边了解孩子的近况也是一个途径。

3. 积极鼓励，找回学习乐趣

不管孩子是自我封闭还是自我放纵，都可能是因为他在学业上感到了绝望，自卑和不自信。可以通过积极的交流，帮助他们对学习和生活形成正确的认识，不要自卑，对自己来说关键是重视高中三年的过程，让自己无怨无悔。在平时的教育生活中多对他们进行鼓励，哪怕是小小的进步，也要让他们在学业上找到胜利的愉悦，找回学习的乐趣和自信心。寻求专业的心理咨询机构的帮助。据统计，很大一部分孩子厌学并非是真的对学校、学习厌倦，而是家庭出现了一些问题，而自己做了努力又没有改善，所以就想通过厌学的方式来告诉父母，

家里出现了问题，需要解决。一般家里角色混乱，父母忙于工作，无暇顾及孩子，父母争吵离婚等都会导致孩子出现厌学行为。这种情况下，父母可以寻求专业心理辅导机构帮助，同时辅导解决孩子和父母的问题。

如何帮孩子摆脱考试焦虑症的纠缠

很多家长在面对孩子不理想的成绩时都会说上一句："我们的孩子这次考试的时候紧张了，没发挥好。"考试焦虑主要表现为着急、烦躁、注意力不集中、睡眠质量不好等，家长虽然有所察觉，却无可奈何。

王洪多从小就是个聪明好学的孩子，成绩也不错，经常被亲朋好友夸讲，她可以说是全家人的骄傲。但是升初中考试的前几天，王洪多却突然变得行为举止有些异常，常常把自己关在房间里，整个人看起来也没什么精神，茶不思、饭不想。爸爸妈妈都看到了王洪多的变化，想要安慰她，可她却似乎不想知道爸爸妈妈要对自己说些什么，转身就走到自己的房间。后来爸爸打电话给学校里的老师，老师发现了王洪多的异常，她最近几天因为一件小事和同学吵了架，平时她可是非常平易近人的，可是最近显得有些烦躁、沉默。后来爸爸妈妈在老师的帮助下终于打开了王洪多的心扉。

原来，在王洪多的心里，自己从小就是爸爸妈妈的骄傲，无论何时何地都不能出错，这次升初中考试关系着分班，她想分到优秀的班级里，所以一直在努力学习，可越是努力，自己就越是记不住单词，解不开数学题，内心十分苦恼，也就有了上述表现。妈妈对王洪多说："你一直以来都是爸爸妈妈的骄傲，但并不是因为你的成绩好爸爸妈妈才喜欢你、疼爱你的，而是因为你是好孩子，聪明、体贴、温和，不管考试的结果如何，只要你努力了，在爸爸妈妈眼中你就是最优秀的！"王洪多听到妈妈的话，眼泪不自觉地流了下来，一下子扑到了妈妈的怀里。

案例中的王洪多从小就是个优秀的孩子，慢慢地内心之中就形成了"我不可以不优秀"的压力，一旦自己的成绩不理想，她就会产生负罪感，"好成绩"成了她的负担。的确，孩子的学习压力很多时候都是来自于外界，包括老师、父母、同学等，但压力终究不过是一种精神状态，可以被解除，父母应该帮助孩子平衡他的内心，正确处理考前焦虑。

1. 鼓励孩子"你能行"

不管做什么事，自信对于一个人来说都是非常重要的，它关系着一个人的潜能是否可以被挖掘出来。很多科学研究表明，人的潜力是非常大的，但是多数人并不能有效开发这种潜能，如果你有这种自信力，你就会拥有必胜的信念，可以让你迅速摆脱失败的阴影。反之，一个人如果丧失自信，就会一事无成，容易陷入永远的自卑中。孩子之所以会出现考试焦虑，主要是因为对考试结果的期望过高。如果孩子可以抱着轻松的心情，不在意考试的结果，那么他就可以心平气和地面对考试了。家长应该鼓励孩子"你能行"，同时考诉孩子不要太在意考试成绩，这样孩子就可以控制自己的焦虑情绪了。

2.考虑孩子考前减压的方法

（1）劳逸结合。避免孩子将精力过多放在学习上而放弃身体活动。有的孩子觉得时间宝贵，将平时锻炼身体的时间都节省了，家长要提醒孩子进行适当的活动再学习，这样学习的效率也会更高。

（2）考试前增强自信，择要复习。告诉孩子复习要抓重点：老师明确强调的重点内容；自身学习的过程中遇到的薄弱环节，即容易忘记和出错的地方。如果确保这两点都没问题就不用害怕了。

（3）考试前要放松精神，保证睡眠充足。考试前不能挑灯夜读，牺牲睡眠的时间去复习功课。考试之前尽量做些放松身心的活动，如散步、听音乐等，尽量早休息，避免思虑过度，筋疲力尽。

（4）考试当天按时到场。考试当天，用餐时要注意吃好，给自己充足的时间补充身体能量，最后在考试前1个小时用餐完毕，吃得太晚太饱，很容易因为大脑相对缺血而影响考试时的正常发挥。到考点时间上，可在考试前20分钟到达考试地点。来得太早，你会由于发生一些事而分散注意力，影响到自己的考前心态，到得太迟，准备时间不充分，进入考试状态的时间也太短，最终导致心慌意乱，造成失误。

（5）掌握答题技巧。想考好，必须要有扎实的理论基础知识、良好的心理素质，以及应试策略，要科学应试，也要掌握一定的方法和技巧。

3.家长先要稳住自己

当比较重要的考试来临时，家长可能也比较焦虑，督促孩子抓紧时间。这种情况应当避免，因为家长会将自己的焦虑传递给孩子。家长需要尽量保持平静，如同对待一般的考试一样，这样孩子才不会受影响。

压力太大，教孩子做做"心灵瑜伽"

一次在麦当劳吃东西，身边坐着两位妈妈和两个孩子在聊天，一位妈妈说自己的孩子如今已经去了最好的班级，竞争压力非常大，除了上课，下课之后还要补习英语、美术，回家后自己还会陪着孩子一起看些课外书，周末还要去学习乐器，孩子压力实在太大了，整个人瘦了一圈，精神状态也不怎么好。

另一位家长说自己的孩子什么班也没报，孩子就应该有孩子的样子，这才七八岁的年纪，就该好好享受自由、快乐和天真。

第一位家长的孩子在埋头吃着自己的沙冰，皱着眉头，好像也在为自己的境遇伤心，似乎自己就是全世界最痛苦的人。不难想象，这个小女孩以后对"压力"二字的厌恶程度，可能当她失败或难过时，就会把所有的错都归结于压力上，甚至会因此而厌恶生活。

第二位家长的孩子坐在一旁东看看、西望望，观察着来来往往、进进出出的人，不时地和妈妈说上一两句，或是问几个问题。天真、活泼、可爱。两个孩子形成了强烈的反差。

学习压力对于一个处在学习期的孩子来说，主要表现在两方面：迎面是适当的压力能激励孩子学习；另一方面过高的压力会让人崩溃，因此减压显得尤为重要。现实生活中，家长经常说自己压力大，孩子也是如此，他们除了要承受身体发育带来的烦恼，还要面对残酷的升学竞争。

现在的家长对孩子给予厚望，无形之中给孩子增加了压力，易造成孩子身心负担过大，继而产生厌学情绪；再加上有的学校为了提高学生的成绩，孩子每天学习的时间长达十几个小时，无法保证正常的饮食和休息，时间久了就会导致孩子营养缺乏，过度疲惫、精神萎靡，身体中的正常生物节律被打乱，导致内分泌失调，出现烦躁不安、月经失调等一系列症状。所以，家长要根据孩子的具体情况来安排孩子的学习和生活，同时为孩子减压。

1. 父母不要对孩子期望过高

父母不要过分看重孩子的成绩，因为这对孩子而言是一种无形的压力，很多孩子都有这种感觉，当孩子的学习成绩下降时，父母经常对孩子翻旧账，将孩子的成绩下降归结为贪玩、不认真等，甚至骂孩子愚蠢，殊不知这样做只会增加孩子的学习压力，甚至让孩子产生厌学的情绪。

2. 转变教育观念，为孩子减压

家长不能一味地督促孩子学习，要认真思考孩子的兴趣爱好，与孩子商量他喜欢什么、愿意学习什么，对于学习上的确存在障碍的孩子，应当在科学分析的基础上敢于另辟蹊径。

3. 帮孩子养成良好的学习习惯

学习压力多半出现在学习困难、成绩不理想的孩子身上，并不是因为这些孩子的智商不如别人，而是因为他们没有养成良好的学习习惯。比如上课的时候不能认真听讲、注意力不集中、态度不严谨等。家长应该帮助孩子养成良好的学习习惯，比如帮助孩子进行课前预习，等到上课的时候孩子更容易理解老师所讲的内容，也就更能专心地听下去。

4. 不要总拿自己的孩子和别的孩子做比较

孩子的自尊心都是非常强，不要总当着孩子的面说别人家的孩子如何如何好，否则会给孩子增加压力。如果孩子在经过努力后仍然没有赶上你经常说的别人家的孩子，他就会产生自卑的心理，觉得自己不如别人。

5. 教孩子适度减压

以下几种方法都能有效帮助孩子减压。适度哭泣法：内心郁闷无法疏解的时候，不妨大声哭出来，偶尔哭泣对身心健康都是有益的。开怀大笑法：内心压力大的时候，不妨看一些平时最喜欢看的动画片、相声小品或影视喜剧等，让自己笑出声，忧愁和烦闷也就一扫而光了。运动减压法：不开心的时候，约几个好友一起到篮球场上打球，内心的不快就会在运动的过程中渐渐消散。

把孩子的大意心理彻底纠正过来

很多家长感慨，自己的孩子学习的过程中总是粗心大意，不是考试的时候做题马虎，就是上学的时候丢三落四……不知道什么时候开始养成的这个坏毛病。有时偶尔出现，有时经常如此，甚至已经形成习惯。要知道，高考的时候可以说是"一分定输赢"，马虎是最要不得的。可是，想改变一种习惯并不是那么容易的。

徐晶晶上小学二年级了，妈妈发现她写作业的时候很马虎，总是把简单的题目写错。比如小刀的"刀"，本子上却写的是小"力"；数学的数字计算，题上是"3"，搬下来就成了"8"，草稿上是"5"，搬到本上就变成了"6"，这么马虎，考试自然也好不到哪去。

原本一年级的时候成绩还不错，可是到了二年级，居然总是在七八十分处晃荡。妈妈心里很着急。孩子明明很聪明，却总是由于马虎和粗心，在考试中不该丢分的题丢了分。当妈妈手中拿着徐晶晶的数学试卷，看到孩子的竖式计算结果对了，等号后面的数字却写错了，被扣了2分时，内心之中颇为震惊，她知道，必须想方设法帮孩子改掉粗心大意的坏习惯。

案例中的徐晶晶是个粗心大意的孩子，而现实生活中这类孩子并不少见。马虎粗心是人类性格中的致命缺点，不管是成人还是孩子，由于马虎粗心造成不可弥补的后果的不在少数。其实马虎粗心很多时候就是没有责任心的表现。只有心思缜密、注意细节的人才可以在未来的竞争过程中立于不败之地。

孩子马虎、粗心性格的形成，很多时候是由于父母没有给孩子养成细心认真的好习惯。粗心会带来很多麻烦，不但会影响孩子的学习成绩，还可能给社会带来灾难，不及时纠正，会造成马虎大意的坏习惯。所以家长一定要在孩子年幼的时候就开始纠正他的马虎习惯。

1. 了解粗心大意的原因

孩子粗心大意多半和父母的教育脱不了干系，如果孩子在很小的时候家长没有对他们进行过训练，经常让孩子一心二用，边看电视边做作业，或者让孩子处在比较嘈杂的环境中学习，都可能让孩子养成粗心大意的毛病。最重要的一点就是教育缺失。如今的孩子多为独生子女，父母常常帮孩子做很多事，对孩子的关照太多，导致孩子的责任心减少，最终养成了粗心的习惯。

2. 培养孩子的责任心

孩子马虎粗心，最根本的原因就是缺乏责任心，既然如此，家长应该从培养孩子的责任心着手帮助孩子改掉粗心的习惯。比如，平时对孩子少一些包办、少一些关照、少一些提醒，让孩子自己处理自己的事，让孩子多承担些家务劳动，多做些力所能及的事情，进而培养孩子的责任心。有时候家长要狠得下心让孩子吃些苦头，承受些惩罚。比如，孩子因为早上起晚了而匆匆忙忙拿着书包赶到学校，这时你发现孩子的文具盒忘记带了，记住，不要给他送到学校，有了这次的经历，下一次他一定不会再这么粗心大意了。

3. 积极的心理暗示

积极的心理暗示有助于矫正孩子的马虎行为，可以从以下几方面进行诱导：（1）细心细心再细心，我一定可以做到细心。（2）我行我行我能行，试题容易，我不能大意。（3）我的复习非常扎实，考试是综合练习，别紧张。（4）每天早晨起床之后告诉自己：我会细心做好今天的每件事，决不粗心马虎对待学习。（5）别着急，慢慢来，质量比时间更重要。

4. 培养孩子良好的生活习惯

一个孩子的房间一团糟，东西随处乱放，字迹潦草，桌面不整洁，那么这个孩子多数时候就有粗心大意的毛病。从生活中的小事做起，培养孩子良好的生活习惯，可以减少孩子的马虎和粗心。日常让孩子自己整理衣橱和抽屉，培养孩子仔细、有条理的习惯，让孩子安排好自己的课余时间和复习进度，培养孩子有计划、有顺序的习惯，改变孩子的天性。时间久了，孩子马虎粗心的习惯自然会逐渐减少。

5. 培养孩子耐心细心的好习惯

习惯性粗心往往是早已形成的某种坏习惯产生的惯性作用的使然，需要从源头上斩断惯性。所以，家长应该帮助孩子克服学习上的习惯性粗心，养成耐心细心的好习惯。从平时写作业、看书开始着手。比如，在阅读的过程中，不讲求速度，而是让孩子一页页认真地读下去；做题之前先养成认真审题的习惯，做完之后认真检查，发现问题及时处理，坚持一段时间之后，孩子自然变得耐心细心了。

孩子偏科别心急，查清原因巧引导

很多家长疑惑，自己的孩子明明很乖巧、很努力，其他科目都能学得好，为什么只有一科的成绩很差？要知道，一科拉分，总体成绩下滑，很可能会影响到孩子以后的升学。

姚笛是个非常乖巧听话的孩子，可虽然如此，爸爸妈妈仍然十分苦恼，这是怎么回事呢？原来，姚笛虽然懂事、不惹事，学习成绩也不错，但是数学一直是她的软肋，甚至考试不及格。虽然她很努力学习，父母和老师都看到了她的踏实和勤奋，可数学成绩一直没什么起色。妈妈给她报了补习班，一个暑假过去后，姚笛在数学方面的成绩却仍然不理想。

后来爸爸妈妈主动到学校找到姚笛的数学老师，老师告诉她的爸爸妈妈，姚笛似乎对自己有偏见，经常在自己的课堂上看其他科目的书籍，提醒过好几次她才有所收敛。后来妈妈回家问姚笛在数学课上看其他科目书籍的原因，姚笛说："我不喜欢数学老师，她曾经当着全班同学的面训斥我！"找到了"症结"，爸爸妈妈便找机会将那位数学老师请到家里来做客，老师语重心长地对姚笛说："老师不是针对你，只是想让你更好地投入到数学课的学习当中，希望你的数学成绩和其他科目一样优异，只是老师用错了方法，你能原谅我将精力投入到学习当中吗？"姚笛不好意思地低下了头，从那以后，她再也不在数学课上搞小动作了，数学成绩也提升了一大截。

其实，案例中的姚笛的学习短板就是"数学"。所谓短板，就是指一个用木板拼接而成的水桶，一旦其中一块木板短于其他木板，那么水桶的容量就会受这块最短的木板决定，其他木板再长也不能弥补。这是个再简单的自然现象，却蕴含着更深层的道理，运用在孩子的学习上同样可行。如果孩子偏科，那么整体成绩就上不去，所以攻克偏科才能从根本上提升孩子的成绩。

1. 帮助孩子认清偏科的原因

观察孩子哪科成绩好，哪科成绩不好，帮助孩子认清自己在不同科目上的优势和劣势。需要注意的是，这里并不是指让孩子根据自己的考试成绩进行简单的排序，而是要进行客观的分析，进而做出有可行性的指导分析。比如，孩子的英语基础还不错，但是考试的时候由于时间紧迫没能完成高分的题目或者没有理解语法等原因导致分数不理想，应当认真考虑学习方法是否适合本阶段学习，同时及时进行改进。有的孩子偏科是由于不理解开设各种课程的目的、意义，家长要给孩子讲清道理，让孩子懂得学好这些课程的意义，鼓励他们树立信心，端正学习态度。

2. 帮助孩子解决学习中的困难

孩子在学习的过程中遇到困难，家长应给予帮助，还可和任课教师及时沟通，和学校密切配合，想法给孩子补习功课。千万不要无视孩子偏科的现象。家长在支持、鼓励孩子的特殊爱好和特长的同时，还要鼓励孩子学好所有课程，不仅是为了掌握多学科知识，更是为了培养孩子的综合应用能力，开发其智力，可以促进孩子从多角度考虑问题，对未来的发展大有益处。

3. 帮助孩子整理薄弱的知识

要让孩子养成考试后及时分析试卷的习惯。对试卷中耗时较多、摇摆不定、做错的题目进行认真、细致的分析，找出原因，是公式没掌握好，还是不理解语法，抑或是对古诗词的理解不到位？在此基础上进行补充学习。

4. 让孩子将更多的时间、精力放在较差的科目上

了解了孩子的学习"短板"之后，应该让孩子有针对性地在这些学科上多花费一些时间，有效提出这一学科的成绩。

理解孩子追星心理，但要帮他掌握尺度

拥有一个偶像本应可以激励孩子的成长和学习，但是有的孩子过于偏激，在追星的道路上不仅伤害了自己，而且伤害了家人。那么，家长要如何教导孩子理智追星，让他们的偶像成为他们生活学习中的动力呢？

李晓敏今年读小学五年级了，成绩一直很好，性格乖巧，爸爸妈妈、爷爷奶奶都非常疼爱她。但是李晓敏性格比较内向，从小就不喜欢和其他小朋友一起玩。

有一段时间，晓敏经常听一位台湾男歌手的歌曲，后来开始买他的海报贴在自己卧室的墙上。有一次甚至欺骗妈妈说自己要买课外辅导书，却用那笔钱买了那位男歌手的唱片。一开始妈妈也没将这件事放在心上，觉得孩子小，追星不过是三天半的新鲜，过几天热度自然就过了。可是没想到，在一天晚上，妈妈下班回到家的时候，却发现写字台上有一张便条，上面写着：

"妈妈，我去北京听×××的演唱会，原谅女儿的不辞而别，演唱会结束之后我就回来。

晓敏"

妈妈立即报警，几经辗转才找到女儿。妈妈很是难过，那位男歌手的歌并没有多好听，怎么就把自己乖巧的女儿迷成了这样？

案例中的晓敏已经到了盲目追星的地步，她过分迷恋歌星，甚至做了让家人担心的事。很多孩子都有追星的经历，而且追的大多是影视明星或歌星，甚至因为追星而变得疯狂，他们忙碌"随大流"，疯狂收集明星资料、相片、唱片，这种做法劳民伤财、耽误学习。对于这种盲目追星，家长一定要及时制止、纠正：

1. 引导孩子正确对待明星

首先，家长要明白，孩子追星也不完全是坏事。孩子之所以认准一个人为偶像，那么这个人肯定在某一点上值得孩子学习。如果一味觉得孩子追星是错误的，横加阻拦，动辄打骂孩子，反而会激发孩子的叛逆心理。因此，家长一定要耐心引导孩子，让明星成为孩子的榜样，激励孩子奋发向上。

2. 让孩子了解追星的真正意义

追星是一种青春，孩子在追星的过程中会觉得很愉悦，而且可能会在人性的认识、审美的情趣方面发生转变。不过追星终归是一种不太现实的行为，家长要让孩子分清理想和现实，告诉孩子，现实生活中还是要脚踏实地地学习、生活，帮孩子将对"追星"从感性认识转变成理性认识。可以给孩子讲一下明星的成功历程，让孩子明白，明星虽然在舞台上光鲜亮丽，但背后的付出也是巨大的。成为明星不仅要有光鲜的外表、与生俱来的才华，更重要的是努力奋斗，用实力说话。

3. 培养孩子的广泛兴趣

丰富孩子的业余活动，比如唱歌、跳舞、体育等，多汲取外界各方面的知识，通过接触各种人和事，让孩子学会分辨真正有价值的东西。家长还可以利用节假日的时间陪孩子一起看书、画画等。切记，不要总让孩子独自待在房间里，因为这种孩子虽然表面上比较乖巧懂事，但实际上很容易因为孤寂而成为追星族。

4.培养孩子正确的审美观

很多孩子之所以追星，是被明星光鲜亮丽的外表打动了。他们开始模仿明星的穿衣打扮。生活中，父母应该对孩子进行必要的价值观教育，让孩子明白，只有心灵美才是最美的。等到孩子的审美标准发生改变之后，就会变得更加理智。

早日帮孩子戒除对网络的依恋成瘾

如今，网络发达，很多孩子沉迷于网络游戏，每天除了上网就是上网，不说话、不和其他小朋友玩耍，整天闷在家里，父母都快愁死了，这"网瘾"该怎么戒？

王小波，15岁，初二，以前学习很好，在班里的排名一直很靠前，也非常懂事、乖巧，在老师和家人的眼中，是个名副其实的好孩子。但是不知道为什么，自从初二下半年开始，小波开始独来独往，孤僻少语，很少和老师、同学交流，甚至产生了厌学的情绪。后来妈妈才知道小波迷上了电脑游戏，每周都要去网吧泡一两个晚上，有时双休日每天上网五六个小时。妈妈对他软硬兼施，可他就是不听。最近一周又没有上学，让他去学校他就借口头疼，整天泡在网吧里不回家。现在小波的学习成绩已经大幅度下滑。

后来小波的爸爸想到了一个好办法，他简单地了解了一下小波最近玩的游戏，最后神神秘秘地对儿子说："别去网吧玩了，和爸爸一起用爸爸的电脑打游戏好不好，这个游戏爸爸也会玩。但是有个条件，你白天还要上学，晚饭过后才能打游戏，你现在小，很多社会上的事还不明白，你看外面的工人，绝大多数都是学历不高的，只能靠卖苦力养家糊口，如果你真的想自己以后也过那样的生活，那爸爸妈妈就不督促你学习了，你可以随便用爸爸的电脑打游戏。"小波思考了一会儿，回答说："爸爸，我答应你，只要你让我放学以后和你一起打游戏，我就继续到学校里上课。"后来妈妈发现，小波连续打了两个星期的游戏之后，对游戏的兴趣并没有那么高了，反而在放学之后主动学习，终于帮孩子戒掉了"网瘾"，妈妈心里的石头也算放下了。

如今，互联网盛行，似乎做什么事都离不开网络，网络在带给成年人方便的同时，也带给了孩子伤害，"网瘾"是如今侵害青少年儿童不可忽视的问题。如今，学会上网的孩子越来越小，上网聊天、玩游戏似乎比学校里的功课更为重要。孩子上网没什么不对，可以了解不同层面的知识，但是如果沉迷于网络，那后果是不堪设想的。

家长们最担心的就是孩子上网会影响学习成绩，孩子长时间上网，会导致作业不能按时完成，上课的时候脑海中还是游戏的场景，无法集中注意力等，一旦沉迷于网络，就会花费大量的时间投入到网络世界，网瘾对青少年的毒害不得不让家长们担忧。那么家长该怎样帮助孩子远离网瘾呢？

1. 正确引导孩子上网，监督孩子健康上网

家长要正确对待孩子上网的问题，扬长避短。网络是一把"双刃剑"。合理利用，利于孩子的心身发展；使用不当，就会成为"恶魔"。家长应该正确看待孩子的上网需求，支持孩子正常使用网络，同时加以正确引导，比如帮孩子制定上网计划，控制上网时间等。如果孩子上网过度、过频，家长应态度严肃地进行制止。多注意孩子在上网时遇到的问题，和孩子交流这些问题，并及时告诉孩子善用网络，引导孩子浏览利于他们成长的网站。

2. 改变对孩子的教育方式

有些家长对孩子要么一味宠爱、放纵，导致孩子性格不成熟，无法独立处理问题；要么对孩子管束过严，恨不得将孩子关在笼子里时时刻刻看着。这两种做法都是不对的，要改变这种错误的教育方法，家长应当随时关注孩子的上网行为，了解网络的多种功能与作用，最好可以陪孩子一起上网，通过成年人的经验、知识引导孩子做出正确选择，告诉孩子网络垃圾的危害。此外，家长要了解过度使用网络的消极影响，进而正确评估、判断孩子使用网络的状况，发现孩子出现网络使用不当的现象要迅速处理。

3. 和孩子定规矩，合理上网

家长要心平气和地和孩子制定一些彼此都可以接受的规则，比如，只能在什么时间上网，只能浏览哪些网站，哪些网站可以经家长同意进入，不能在网上留家庭住址和电话，持续上网时间不能超过 1 小时等。

4. 通过合理的方法帮孩子戒掉网瘾

对于有网瘾的孩子，家长可以巧妙地运用递减的方法帮孩子逐渐

戒掉网瘾。比如，孩子原来上网 5 小时可以改为 4 小时，之后逐渐改为 2 小时、1 小时，要逐渐帮助孩子恢复常态，不能急于求成。

只学习不玩耍，聪明的孩子也变傻

张帆已经读初中一年级了，但是自从上初中之后，张帆对学习就已经达到了"痴迷"的程度，常常因为研究习题而忘记吃饭，大多数时候一天只睡四五个小时，夜里研究数学题到子夜一点。

一开始看到孩子这么认真地学习妈妈还在心中窃喜，但是慢慢地问题就出现了，有一次，张帆甚至因为研究数学题而忘记了上学的时间，在公园待了一下午，直到老师给妈妈打电话，妈妈找到他他才想起了今天不是周末。妈妈很担心这样下去张帆会变成名副其实的书呆子。

后来趁着寒假，妈妈打算带着张帆到南方去玩几天，放松一下，可是张帆说什么都不肯去，执意让妈妈给自己报补习班，到最后妈妈也没拗过张帆。最后还是和张帆最要好的小姨主动找张帆谈心，才得知张帆这么爱学习的原因。

原来，自从自己上初中之后，就开始了补习历程，上补习班后的第一次考试，张帆的成绩就提升了一大截，老师还当着全班同学的面夸奖了他。后来，由于张帆的数学成绩优异，代表自己班的同学参加了数学竞赛，夺得了全校第二，自己班第一的好成绩，在班级上发言。

正是因为受到了这么大的鼓励，张帆开始依赖补习班。他觉得，只要自己上补习，每天把所有的时间都用在学习上，别人一定会对自己刮目相看。

作为家长，不要因为自己的孩子在无休止地学习就感到高兴，很多时候，孩子的努力只是为了让别人对自己刮目相看，而家长却清楚，让孩子优秀的目的是为了将来更好地适应社会。而在社会上，仅仅有丰富的课本知识是远远不够的。作为家长，在发现子女失去了玩的兴趣后，要引导他们发现自己的其他爱好，比如，当孩子喜欢看书、喜欢上补习班只是为了在老师和同学面前更有成就感，家长不妨联合老师将孩子带到野外去郊游，同时和孩子谈心，帮助孩子找出他的兴趣所在。

生活中，很多孩子抱怨自己的学习太累，休息时间不足，再也无法像小时候那样无忧无虑了。父母必须明白，孩子有个轻松的好心态更有助于他学习上的进步。所以，家长一定要让孩子学会劳逸结合，懂得放松自己。

1.给孩子讲劳逸结合的好处

孩子努力学习是好事，但这并不意味着疲劳学习。家长要告诉孩子，提高学习效率的前提是确保充足的睡眠，平时抽出一定的时间去参加课外活动。每学习 1 小时就要做做深呼吸、眼保健操等。

2. 主动和孩子交流

很多时候，孩子不能排遣内心的压力是因为没有地方倾诉内心的负面情绪，在他们看来，只要自己的成绩好，父母和老师都会对自己刮目相看，而向他们诉说压力，他们却无法理解自己。作为父母，不妨主动和孩子沟通，先让孩子接受自己，等到彼此之间的隔阂消失之后，孩子就会愿意和父母谈心了。如果孩子实在不愿意把自己的压力向长辈诉说，你可以鼓励孩子把这些话向同龄人说出来，有助于排解孩子内心的紧张和压力。

3.带孩子到处走走

如果孩子最近的学习比较紧张，学习压力较大，家长不妨带着孩子到处走走，让孩子融入大自然之中，充分放松自己。特别是那些山清水秀、鸟语花香的地方，是排解烦恼的好去处。

4.运动减压法

登山、慢跑、打羽毛球等都是非常不错的有氧运动，当孩子参加自己喜欢的运动时，内心的压力也就会释放一大半。

5.鼓励孩子与人交往

一般来说，越是内向、不爱交际的孩子越容易走向极端。因为他们很难将内心的压力说与别人听，压力堆积的时间久了，就会把孩子压得喘不过气来，最终走向极端。鼓励孩子与人交往，在交往的过程中不仅能排解内心的压力，而且能从他人的口中得知解决各种难题的方法，可以说一举两得。

6.帮助孩子了解自己，找出合适的学习方法

很多家长发现，即使自己每天都督促孩子要好好学习，孩子也很听话，埋头苦读，但是到最后的成绩却总是不怎么理想。为什么自己的孩子那么用功就是学不好，而别人家的孩子整天玩却赶超自己孩子一大截呢？

张淑仪是家里的独生女，虽然是独生女，可并没有享受到父母过多的宠爱，反之，家人对她的管教倒是很严，不许做这个、不许做那个，不许和这个交朋友、不许到那个地方去玩……总之，约束她的条例数也数不清。

每天放学之后，她的数学老师妈妈就会站在家门口要求她背数学公式，背不下来就不许进家门，而且还要打手板。考试成绩不理想甚至会被妈妈罚面壁思过。记得有一次，张淑仪的成绩从原来的班级前三名下滑到了第八名，妈妈竟然把她关在房间里一个星期，不许她出家门口半步，就连每天的饭菜也都是妈妈亲自给她端进来的。可即便如此，张淑仪的学习成绩仍然上不去。

再看看张淑仪的表妹冯玲玲，父亲整天炒股，妈妈忙于工作，家里几乎没人管冯玲玲，有时候晚饭没人做玲玲还要来姑姑家"蹭饭"，但是冯玲玲班级第一的排名却从来没被人挤下去过。一天，姑姑问冯玲玲："玲玲啊，你看你表姐那么努力，怎么成绩老是赶不上你啊？"冯玲玲却说："表姐压力太大了，她每天要背那么多东西、做那么多题，用脑过度了，等到最重要的老师讲课的时候她却没有精力听了。您看看我，每天上课的时候认真听讲，一下课我就出去玩放松大脑了，给下一节课要学的知识'腾地方'，这样学习效率自然比表姐高啊。"姑姑这才恍然大悟，是自己的教育方法出了问题。

很多家长都遇到过这种情况，自己的孩子再怎么努力都让人感觉力不从心，学习效率很低。其实，这主要是因为孩子没有属于自己的学习方法，家长可以帮助孩子掌握好的学习方法，提高孩子的学习效率，让孩子轻轻松松达到学习目标。

7. 激发热情、调整心态

没有哪个孩子天生爱读书的，但是家长可以通过一些游戏来激发孩子在某方面的兴趣。比如孩子小的时候，家长可以采取和孩子玩讲故事、成语接龙的方式，培养孩子的语言表达能力、积累词汇量。通过玩扑克牌猜点数培养孩子的算数与记忆能力；在家中做些简单的小实验激发孩子对物理化学的兴趣等。等孩子稍大一些，家长也可以根据孩子的性格特点、兴趣爱好找出突破点。比如有的家长发现自己的孩子对会画画很感兴趣，每天放下书包就是对着家里的花花草草画上一阵子，久而久之，竟然画得有模有样，家长不妨趁机帮孩子报个绘画班，提高孩子的绘画水平。适合孩子的学习方法一定是建立在孩子的学习兴趣之上的，应当尊重孩子的个体差异，充分考虑孩子的优势智能，帮助孩子寻找出属于他的"金钥匙"。

8. 合理安排孩子的学习，提高孩子的学习效率

每个人都存在个体差异，每个人的生活习惯都是不同的。比如，有的孩子在晚上的学习效率最高，而有的孩子在早上的学习效率最高，有的孩子在临睡前的记忆力最好，父母应当留心观察，只有这样才可以帮助孩子进入学习状态，提高学习效率。

9. 帮助孩子找出学习的小窍门

家长们都很关心如何帮助孩子找出学习的小窍门，可以从以下几点着手：平时不要给孩子太多的压力，鼓励孩子适当多看书，或者陪孩子做适当的体育锻炼，让孩子保持平和的心态。家长还可以帮助孩子制订切合实际的学习计划，定期了解孩子的学习表现，多鼓励孩子，让孩子保持积极的心态。

10. 提高孩子解决问题的能力

父母在帮助孩子找出适合自己的学习方法的同时，还应当培养孩子自主学习和正确的思维方式，有助于提高孩子的成绩和综合素质，帮助孩子稳步、持续提升学习效率。

第七章

摸清拖延心理，让磨蹭的孩子
快起来

每个拖延孩子心里都有个"猴子"

"你能不能快一点！"这句话很多家长都说过吧？孩子做事慢吞吞：慢吞吞地吃饭，慢吞吞地穿衣服，作业总是拖到半夜才写完，画个图也画上半天……大人急得火烧火燎，他还是不徐不疾的！父母沮丧极了，逢人就抱怨自己养了个"慢性子"。其实，更加不幸的是：作为父母没有意识到，什么是导致孩子"慢性子"的深层次原因，因而总是不能对症纠正，结果往往是适得其反。

那么，究竟是什么原因让孩子如此拖延的呢？

1. 先天因素

拖延并不只是一种"坏习惯"，有诸多研究已经表明，生理原因也会造成这一现象。在人的大脑功能分区中，与计划、控制、注意力和执行有关的脑区，是大脑前额叶皮层功能区。当这部分区域功能受损或不活跃的时候，大脑排除杂扰事物的能力就会降低，注意力也会严重受到影响，做事效率会显著降低。如果孩子的运动协调能力、注意力以及反应能力比同龄人逊色，一个最直接的后果便是无论做什么事情都仿佛"慢半拍"。

作为父母我们需要注意观察，如果你的孩子在运动协调能力、注意力和反应能力方面，与同龄人存在一定的差距，那么就应该相应地锻炼刺激他们大脑这一功能区域的发育，比如让孩子多参加体育运动，如跳绳、打球、下围棋或者游泳等，这对于刺激孩子神经末梢和协调功能来说很有效果。另外，对于这样的孩子，父母不应该给孩子下达过多的学习任务，而是应该鼓励孩子多运动，同时可在睡前对孩子进行全身按摩。

2. 心理因素

造成孩子拖延的心理因素细说起来有很多，但总结起来就是一条——凡事拖拉的孩子，通常不痛快。

诸多家庭实例已表明，凡事拖延的孩子，往往有一个性格急躁、期望值高和控制欲强的父母。在对教育孩子的过程中，这些父母总是在给孩子施压，不断地在"督促"和"强制"孩子完成他们给孩子定下的目标，根本不给孩子选择的机会。面对如此强势的父母，孩子往往会产生很深的无助感，最后只能选择将拖沓作为无意识隐性对抗语言，在心里不断给自己暗示"我没有自由做决定，但我可以拖延你们的决定"，并由此强化了自己的拖拉行为。

要改变孩子的这种心理状态，最重要的就是培养孩子的自我意识。孩子的自我意识，在于尊重孩子和给孩子选择权。打个比方说明一下，如果在孩子写作业的问题上，你一直在旁边啰嗦不停、喋喋不休，孩子就会受到心理刺激，往往会把"拖着写"作为自己的武器来与你进行软对抗。反之，如果你从小就把写作业的事情交给孩子，孩子慢慢便能够学会自己掌控时间。

3. 行为原因

有些孩子的拖拉只是单纯行为层面上的。但是在这些行为背后，却潜藏着缺乏时间观念、做事没条理、缺乏计划性、注意力不集中等客观因素。如果一个孩子没有时间观念，他就不会觉得原本一个小时就能做完的作业却用了两个小时是一种时间浪费，会带来某种损失；如果孩子做事没条理缺乏计划性，他就不能很好地把握事情的重点和节奏，那么效率必然不高。此外，孩子做某一件事时，如果周围环境不好，经常出现诱惑因素，他们自然难以专注地做事情。

对于这些原因造成的拖沓行为，父母首先一定要给孩子明确界限，让他们知道，哪些行为可以接受，哪些行为是绝对不能接受的，一旦孩子出现越界行为，必须要对其进行适当合理的惩戒，以强化孩子的行为自律性。以培养孩子时间观念为例，当孩子在做某事时，可以和孩子达成一个共同认识，也就是一个现实的时间限定，把守时的任务交给他们自己，比如"准备好书包，5分钟后出门"、"9点钟准时睡觉，8点40之前请把作业完成"等等。这种简短陈述的目的是让孩子意识到：我们希望，也认为他们能够准时。始终用这种正面的预期方式，让孩子自己觉得时间仓促，他们才会自动自觉地抓紧时间。如果孩子写作业磨蹭，那么不断督促和代替完成都是极不可取的，我们先别急，让孩子自己急。如果孩子没能完成老师布置的作业，老师肯定会问他原因，并进行批评。孩子受到教育后，就会认识到拖延带来的害处，以后就会加快速度。

4. 习惯了包办代替

有些父母常会因为孩子做事慢，觉得与其让孩子自己做，还不如自己替他做，这样更省心、更省事。时间长了，这种包办代替的做法剥夺了孩子锻炼的机会，不仅会使孩子的惰性越来越强，而且他们的自理能力和动手能力也得不到锻炼，做起事来当然不会得心应手。长此以往，更是会形成对父母的习惯性依赖，即使是面对一些自己能够完成的事情，他也会不紧不忙地磨蹭着，等待家长的援助之手。

比如孩子早晨起床后磨磨蹭蹭，父母由于害怕孩子上学迟到而急得不得了，可是孩子却在一旁依然慢条斯理的，因为孩子心里明白，自己动作磨蹭一点没关系，到时候妈妈会来帮我的，反正上学是迟到不了的。所以，要想让孩子不再磨蹭，父母就必须剔除对他多余的关爱，让孩子远离对父母的依赖，更不能因为看孩子干得慢就包办代替。

5. 父母的反面作用

有拖沓的父母，必有拖沓的孩子，父母平时不注意约束自己，懒懒散散、拖拖拉拉，起到反面教材的作用，孩子有样学样，也变得磨磨唧唧。

在克服孩子拖延症的问题上，父母的表率作用非常重要，当我们为孩子的拖延苦恼时，首先应该反思自己在遇到事情的时候是否也有拖延的行为。如果你不想孩子拖拉下去，那么首先就应该杜绝自己的拖延行为。

每个拖延的孩子心里其实都住着一只"猴子"，为了改变孩子拖延的毛病，我们首先就要从孩子的心里开始，揪出孩子心中的"猴子"。

慢孩子从父母的看不惯开始

    有些父母性子急、思维反应快、处事果断利索、做起事来风风火火，他们的价值观较高、期望值也很高，做事讲究效率、喜欢操控和教导人。这类父母养育孩子的方式，往往以说教、给现成的答案、命令（"你应该……""你不应该……""你必须……"）为主。在这种教育模式下，孩子体验的是：总有人替我做决定，安排好我要做的事，根本不必独立思考。因而他们很难养成对自己行为的责任能力。

    这类父母有一个通病，就是总以成人的行为标准要求孩子，而并不是设身处地考虑孩子的实际情况。事实上那些在成年人看起来很简单的事情，小孩子不可能很快地、熟练地掌握技巧，他们需要花很长时间逐渐学会快速地穿衣服、吃饭、做手工、做上学前的准备等等。而这个时候，对他们最好的帮助就是父母的态度：对孩子的成长给予耐心，对任务的困难进行一点评价。如"要把自己的床铺收拾好很不容易""一小时之内做好这个模型很难"等。这样的评价对孩子而言是一种潜在的鼓励，不管他们的努力最终是失败了还是成功了，他们都会接收到良好的心理信息。如果孩子成功了，他们知道一件很难的事情被自己征服了，会产生满足感，并再接再厉；如果孩子失败了，他们从父母那里接收的信息是"这件事并不容易"，因此也不会产生过分的恐慌和自责，同时孩子感觉到了理解和支持，这会加深他们与父母之间的亲密感。

我们最不愿意看到的是，那些不客观的父母，特别是唠叨型的母亲，在孩子做某件事情失败时，或没按他们的预期完成时，一股脑地表达自己的不满情绪，数落和指责孩子（这时孩子接收到的信息是：自己的能力不够），从不允许孩子说出他们的想法。这种教育模式如果一直重复，孩子的"无能感"就会日趋严重，从而导致退缩行为。可以这样说，拖沓孩子的父母，一定是用成人效率在要求孩子，但孩子是不可能达到这个标准的。这种效率对孩子来说，是束缚、是敌人，它会造成孩子情感的压抑和性格的极端任性。孩子需要试验、探索、努力的机会，也需要父母的耐性，你不给他这些，等于是在揠苗助长，结果就是适得其反，你要求得越高，孩子就越慢。事实上，大多孩子的慢性子，就是被大人对效率的一味要求弄出来的。

在孩子的教育问题上，父母的行为模式决定着孩子的行为表现。因此要改变孩子的拖延习惯，父母首先应该从正视自己的行为方式开始。如果你情绪难以自控，容易口不择言，看不惯孩子的动作慢，那么，在要求孩子之前，请先学会控制自己的情绪，避免让孩子感觉到你的不信任和不耐烦。其次，要给孩子保留成长的空间，也就是说，你的行为模式应符合孩子的心智成长的规律。

家有拖沓童，必有催促娘

有拖延习惯的孩子，一定有一个急性子的妈妈或者爸爸，并且父母一般都有强烈的道德感和责任感。这是一个很有趣的现象，孩子在被不断要求下，完成事情无法获得主观的心理满足感，而只是"脱罪"感，意思是我完成的事情都是别人需要我完成的，但不完成会受到惩罚。这样的孩子往往会有拖延行为。那焦虑又很负责的父母恰恰是下达指令的人，更多的父母可能是为了要完成"负责的父母"的角色，忽略孩子的需要而催促孩子，这样的孩子会慢慢产生拖延现象。

鲁文有个怪癖，就是别人一催促他或者站在他背后，他就感觉节奏被打乱，工作效率下降。

细问之下，发现鲁文的妈妈是个非常急躁的人，而鲁文则是个稳性子，于是鲁文的童年就在母亲的"催促"中度过了。

周末，9 点钟鲁文要去补习班，于是一大早，鲁文家里就一片嘈杂，妈妈喊了 N 遍"快点啊，马上就迟到了，你还不去洗脸刷牙？快点呀！"时钟指向 8 点 50 了，可牛牛还是不慌不忙地赖在床上玩玩具，气得妈妈火冒三丈，一把拎起他，抱到洗漱间强行洗漱，母子又是一番战斗。

平时，小学生 4 点多就放学了，鲁文到家 5 点多点。妈妈要求鲁文必须在六点半之前完成作业，可鲁文经常要写到 7 点多，有时甚至要写到 8 点，因为他写得很认真。妈妈看到鲁文这个样子，又对比邻居小虎的情况，觉得鲁文贪玩，写作业不专心，于是决定好好监督他，让他改过来。后来放学一到家，妈妈就追问鲁文作业是什么，盘算作业量。鲁文正兴奋地跟妈妈分享学校里发生的事情，但妈妈根本没心思听，只是催促他快点儿写作业；鲁文饿了，跟妈妈说，妈妈不耐烦地吼了起来"我叫你快点儿写作业，你没听见吗？不写完不准吃饭！"

鲁文愣住了，一时还搞不清状况，不知道自己做错了什么，为什么妈妈要对他发这么大的脾气。他被吓住了，很害怕，心里很难受，坐到书桌前，但根本没心情写。

过了一会儿，妈妈偷偷观察鲁文，发现他只是摊开了作业本，在那里呆坐着只字未动。妈妈的火更大了，大声质问："为什么不写作业？走什么神呢？"鲁文不说话，委屈地看着妈妈，妈妈再一次逼问："我问你话呢，怎么不回答，你是哑巴吗？"鲁文终于忍不住了，"哇"的一声大哭起来。妈妈觉得很崩溃，失望地说："完蛋孩子，你爱怎么样就怎么样吧，我不想管你了！"遂不再理鲁文。

鲁文哭了一会儿就不哭了，一个人坐在那里发呆，妈妈看到他这个状态，心有不忍，好说歹说把他拉去吃饭了。饭桌上，妈妈告诉鲁文："以后你写作业快一点儿，你快点儿写完我当然就不会冲你发脾气了……"鲁文连着答应了几声"哦"，没再说别的。妈妈觉得还比较满意，好像自己的话孩子终于听进去了。

然而事实并非如此，鲁文并没有快多少，作业还总是出错，并且形成了那个只要别人站在身后一催，节奏就被打乱的心理障碍。

心疼鲁文，这样的孩子本应该成为一个沉稳的人，却因为节奏不断被打乱，成了一个浮躁的人：不仅讨厌人家在后面监督他的进度，也特别害怕别人的催促，遇到急事容易自乱阵脚。

这里提醒下爱催促孩子的父母：孩子有自己的节奏，对他们而言，感觉最舒服、最顺畅、最有力的就是顺应自身的生理节奏，如果不考虑实际情况，一味逼迫孩子节奏放快，对他们的身体和心理都会造成损害，而他们也不会单纯因为你的催促就变快。

一再催促孩子快一点儿，实际上等于在否定孩子，告诉他"你的能力有问题，安排不好自己的事情，需要我的监督和提醒"，这样的方式孩子打心里是不愿意接受的，所以他不会真心按你的要求去做。父母见自己的话收效甚微，就会产生挫败感，引发不良情绪，于是开始强制、命令或者威胁孩子。父母的不良情绪会让孩子感到很不舒服，潜意识中他们开始分出更多精力来应对大人的情绪，这势必会影响他们做事的效率。而且，再进一步，当孩子发现自己的拖延可以使大人产生很大情绪以后，他们有时会有意识地将其作为对付大人的一种手段。久而久之，一个拖延的孩子就养成了。

所以我们奉劝父母，不要过分地催促孩子。也许有的家长要说了"我有什么办法啊，现在社会节奏这么快，我不催他，他将来就肯定被别人甩在后面的。""催"孩子是可以的，但不要过分催促。过于频繁地催促，说到底，还是爸爸妈妈太焦虑了，他们自己习惯了社会的快节奏，以至于在家里也要保持这种节奏，甚至想让孩子跟上他们的"节奏"。这显然是把焦虑转嫁到了孩子身上，可能会导致孩子的生活节奏混乱，认为是自己出了问题，他们要么认同父母而变成一个同样焦虑的人，要么会以一种消极拖沓的方式对待生活，并以这种被动拖沓的方式，宣示自己对父母的愤怒。

有道是"家有拖拉童，必有催促娘"。催促给孩子贴了一个标签——你管不好你自己，你要我盯着，孩子接受了这种暗示，"拖拉"的行为更得以茁壮成长。结果做娘的累死，当儿的烦死。所以，我们不妨试着将自己的节奏放慢一下，等等孩子，你会发现孩子并不会因为偶尔的磨蹭而成为不负责任又拖拉的人。反之，你的宽容，会给他更多思考的空间，在每次失败的教训中学会安排自己的时间。

很多拖延症都是爸妈逼出来的

"你不知道啊，就算我使劲催，他也要把作业拖到非写不可的那一刻，真是让人崩溃……"露露妈一脸惆怅地说。

——其实，每个拖延的孩子内心并不想拖延，甚至会因为拖延而恐惧和焦虑，他们也担心做不好招来责罚，影响自己在父母和老师面前的表现，最重要的是削弱自己的自尊和自信力。但是，有些父母的不恰当做法，却生生逼得孩子不得不托拖。

露露是个9岁的孩子，妈妈规定她每天9点准时睡觉，一般来说，她7点左右就能把老师布置的作业完成，效率还是蛮不错的。露露妈是个很要强的女人，当年一分之差与重点大学失之交臂，现在只能在一个名不见经传的小企业做着不咸不淡的差事，心里懊悔不已，一结婚她就暗暗发誓，绝不能让孩子重演自己当年的"悲剧"。这不，露露妈眼见孩子的作业量这么"少"，决定自行给孩子加课。7 点到 9 点之间不是还有两个小时么，妈妈下班去书店买来一堆试题，要求露露完成作业以后再做一张。

露露没办法，只能照做。其实对于这件事，露露心里是很不情愿的，几天以后，露露心里就开始盘算："那我以后就慢慢磨蹭吧，到 9 点钟做完作业，你总不会 9 点以后接着做试题吧？"就这样，露露写作业的速度越来越慢，据老师反映，她上课时的注意力也越发不集中了，总是做着做着题，不知怎的就开了小差。事实上这一切，都源于露露妈当初的自行加负，孩子一开始只是借拖延对抗，慢慢就养成习惯，变成了毛病。

出于望子成龙的心理，父母们总想让孩子跑快一点。但孩子的天性还是爱玩的。如果家长能少给孩子施加压力，孩子心情好了，对未来会有自己的看法，家长如果按照自己的计划一意孤行，很可能就会起到反作用。

父母强加给孩子的事情，对孩子而言就像是没有退路才完成的任务，就算完成了，也没有自我满足感，因为这就像"在为别人打工"。并且，这会造成孩子产生自责心理和"反抗后的愉悦"的心理冲突，一方面拖延是自主行为，可以享受自主的快乐，另一方面被自己认同的"害怕被惩罚"的感觉转换为自责。长此以往，这种冲突会让孩子缺乏创造力，越来越不自信，同时对事物缺乏兴趣，对要做的事情轻易放弃，有些孩子还会产生厌学现象。

对这些孩子来说，拖沓就是他们对成人世界的反抗，是什么样的成人世界呢？可能是一直唠唠叨叨的妈妈，可能是追求完美的爸爸，可能是从爷爷奶奶到外公外婆都过高的期望值，还有不爱上班、不得不遵守时间表的、每天早晨就不快乐的父母。孩子的神经，犹如敏锐的雷达，这些孩子都能感觉得到。

孩子内心感觉到压力，就会用行为语言来表达，就有了拖沓。孩子的反抗有积极模式和消极模式。其中积极模式的表现是，孩子手头刚好有更有吸引力、更有研究兴趣的东西，比如画画、手工、阅读、观察……他们会转换到那些事物上去。家长不妨尊重孩子拖沓的理由，留出时间让他们实现自我。时间有了，孩子也就尊重生活的正常秩序和节奏了，拖沓也就很容易克服。消极的拖沓是大部分孩子拖沓的主要形态，是必须仔细分析的。

爸妈一味纵容，孩子能拖就拖

孩子的拖延习惯，还有很大一部分来自父母亲人的过度纵容和保护。

现在社会上大多都是独生子女家庭，父母对孩子的殷殷期盼可想而知，除了学校的课程要抓紧，课外更是安排得满满当当，家长几乎帮孩子包办了一切。这种行为的直接后果就是造成孩子自主性的缺失，孩子如果缺乏自主性，那么在要求他一个人完成一件事的时候，很有可能就是拖延。

父母亲人坚持不懈的纵容和保护会让孩子产生很大的依赖感，认为很多事情就是父母应该为自己做的，自己没有任何责任，于是孩子遇事就会想到父母，能拖就拖，不想去做，从而导致"拖延症"。

8岁的强强聪明活泼，说起话来头头是道，但他有个毛病，就是不管做错了什么事，只要被家长指出来，就会为自己百般辩解，有时还会把责任推到别人身上。

比如他把玩具扔得到处都是，妈妈让他收拾起来，他就会说："等一下我还玩呢！"可是一段时间过去了，妈妈发现强强并没有玩也没有收拾，于是再次提醒他，他又找借口："我累了，要歇一会儿。"

那天，同学小爽来家里玩。小爽走后，妈妈让强强收拾玩具，强强却说："小爽玩的，凭什么要我收拾？"

看到强强这个样子，妈妈又像往常一样叹了一口气，无奈地摇了摇头。妈妈心里清楚，强强道理都懂，但就是不愿意自己做。对于这个虽然聪明但不好说服的宝贝儿子，她实在有些无可奈何。

强强妈妈在读过一本育儿书籍以后得到了启发，她想到儿子从小是跟着爷爷奶奶长大的，直到上小学才回到自己身边。在之前的几年时间里，爷爷奶奶事无巨细都替孩子操办，让强强失去了锻炼的机会，所以才养成了这个毛病。

认识到问题的所在以后，妈妈及时采取补救措施，利用生活中的小事培养孩子的责任心。渐渐地，强强的情况有所好转，到后来终于不再拖延了。

父母太惯孩子，其实是在害孩子。对于孩子的拖延症，爸爸妈妈一定不能掉以轻心，不要以为是一点儿小事就姑息，或者顺手帮孩子做好了，这样做只会使孩子越来越消极被动，越来越没有责任心，做什么事都需要爸妈和老师的督促和监督。不难想象，这样的孩子长大以后办事能力一定很差，而且总是要别人催促才不紧不慢地做事，别人批评两句，他还会认为人家是故意找茬。这样的人，无论是工作和生活中，谁会喜欢呢？

的确，小孩子不可能像成人那样什么事都面面俱到地想到，做好。但作为家长，你可以在一点一滴，在平时的生活中有意地锻炼孩子。你不给他自己做事，自己独立，自己担当，自己负责的机会，他又怎能成长呢？即使他个子年年在长高，即使他的主意越来越多，但对父母的依赖，自理能力的欠缺是不可能慢慢自动弥补上来的！

爸爸妈妈要给孩子自己成长的机会，给孩子锻炼的机会，如果你不忍心，不舍得锻炼孩子这方面的能力，但孩子长大以后必有欠缺，父母也必为之所累。

别胡乱给孩子贴上拖延的标签

有个女同学在群里说自己6岁的儿子做事特别拖沓。正好群里有个男同学是做教研的，他就问："你教育孩子的时候是不是还像上学时那么急躁啊？"她说："是的，我和爱人的性子都比较急，看不得孩子慢吞吞的样子。"那位那同学告诉她："你忽略了一点，别人家的孩子，他的父母可能没有你们这样的急性子。孩子从小到大在你身边长大，你从他开始记事起，就对孩子强调说，你这也慢，你那也慢，这种暗示就使孩子按您说的方向发展了。"

我们都知道孩子生理和心理的发展有个过程。在他小的时候，做很多事情，在家长看来的确是慢吞吞笨手笨脚的，如果家长缺乏耐性的话，看孩子穿件衣服要花半个小时，扣个扣子要花十分钟，就耐不住了，往往呢，不是不停催促就是取而代之，结果就是，孩子不是因为在家长的催逼下产生对抗心理，就是因为缺乏生活当中必要的动手锻炼的机会，而越显笨拙。这时家长又会指责孩子说："你怎么这么慢啊？一天到晚磨磨蹭蹭的，好像做什么事都比别人慢半拍。"这样就进入了一个恶性循环，孩子会更为缺乏实践的经验，还有缺少必要的信心，在做事情时的心态、动作和节奏远远跟不上同龄孩子的发展。因为这时他认为他就这么笨，他就这么慢。

我们那位女同学是时候该反省一下自己了——还有比给 6 岁的孩子贴上"拖延症"的标签，更能导致孩子拖延的吗？孩子认知、思维能力有限，会以父母对自己的评价来评价自己。你认为他有拖延症，他不拖延，对得起你吗？拖延是结果，是表现，我们应该要冷静地分析原因，而不是忙着盖棺定论，乱贴标签。

希望家长们能够认识到一点，孩子因为能力有限的"慢"不是拖延，家长需要放慢自己的脚步，配合孩子的节奏。孩子做功课、做家务、生活细节上会比成人效率低、速度慢，但很多时候并不是因为拖拉，家长不能一味以成人标准来规范孩子的行动，他毕竟是孩子，能力所限需要家长耐心的放低要求，多鼓励而非催促。

停止过分催促，尊重孩子的内心节奏

"起床！起床！快起来！快去洗脸！快去刷牙……"一首名叫《妈妈之歌》的歌曲以及原创者的故事一时间被大量转载。创作并演唱这首歌的，是美国喜剧女演员安妮塔·兰弗洛。48 岁的她是 3 个孩子的母亲，一次灵光乍现，她将自己催促儿女的话写成了歌曲。整首歌只听到一位母亲的急切："快啊，快点啊，不然就来不及了！"网友们听后忍俊不禁：原来，普天下的妈妈都是一样的。

《妈妈之歌》描述了一个现实：很多孩子每日生活在被催促之中，快速、高效、忙碌成为最基本的生活状态。曾经，父母叮嘱孩子的口头禅是"慢慢走，小心跌倒"、"慢慢吃，小心噎着"，现在孩子听到最多的是"快点吃饭""快点做作业""快点弹琴""快点睡觉"，甚至"快点儿玩"。

父母为什么要不停催促孩子呢？因为觉得孩子太拖延，打乱了自己的节奏，殊不知，自己这样做却打乱了孩子的节奏。

"快！快！快！"这种急迫而不厌其烦地催促传递着焦虑、愤怒，在孩子看来甚至带有敌意，那么，孩子就会用"慢慢慢"来对抗，正因为如此，通常，父母的催促往往换来的结果是"越来越慢"。

当然，孩子也有可能被越催越快，但那只是慌里慌张地草草了事。然而我们要的结果并不是"简单地把事情糊弄完"，而是要让孩子养成"把该做的事情做好""自己的事情自己做"的习惯。过分地催促孩子反而会使他们养成做事毛躁的性格。

做父母的，要懂得尊重孩子的内心节奏，要根据实际情况来教导孩子。事实上，孩子的节奏不可能完全跟随上大人对效率的要求，孩子与大人的生活节奏、生理节奏以及生命节奏都是大不相同的，对孩子的情感而言，效率是种束缚，是敌人，给孩子过高的效率要求，家长势必会付出很高的代价，它可能耗损孩子的才智、抑制兴趣，可能会造成情感的压抑和性格的极端任性，可能会影响身体的激素分泌，对身体和心理都有很大的损害。

同事陈老师曾对我们说，她在儿子8岁生日那天大受打击。为什么呢？因为她儿子想要的生日礼物竟然是"一个什么都不用干的周末"。她说："我第一次如此真切地感觉到孩子内心的痛苦，这种痛苦深深地震撼了我。"

经常被打乱节奏的孩子，还会有早熟、易烦躁、耐性差的特征，或截然相反，表现为反应迟缓、自我压抑、对某些事物过分依赖。

第一类孩子学会了取悦他人并优先满足他人的愿望。

第二类孩子却因无法达到父母的要求而感到自己是"坏孩子"，从而失去自信。

这两种情况都容易让孩子丧失自我。

然而父母们通常看不到这些，他们看到的只有竞争，以及未来越来越激烈的竞争，他们变得紧张敏感，对自己生活中的空洞与空虚充满恐慌，于是自然而然地充当起孩子的教练，甚至是魔鬼教练。

王薇是一位6岁男孩的妈妈，她不无感慨又带着几分沮丧地说："我承认，我的教育方法可能不是很恰当，孩子平时听到最多的一句话就是'你快一点儿'。但我又控制不了自己去这样做，我还是认为追求高效快速的规则是有必要的——一旦生活节奏慢下来，就很有可能被别的孩子超越。"顿了顿，她又说："尽管我也感觉到这种快节奏不是很合理，但它的确影响了我们的正常生活，也与孩子的天性背道而驰。"

成功论导向的教育方式，别让孩子输在起跑线上，更高更快更好的标准，都促使了中国父母急切的心态。然而从孩子的长远发展来看，把竞争早早地引入其生活，破坏性大于建设性：家长给孩子施加压力，孩子身上的这种压力又全部反弹给家长，在这种恶性互动中，最后双方都会不堪重负。在竞争焦虑氛围中成长，并被迫进入竞争轨道的孩子，更容易出现无力感、自卑感和心理失衡。总之，始于童年的竞争很少有赢家。

当然，凡事要一分为二地看，我们不能一味指责家长的做法，毕竟社会现状就是如此，爸爸妈妈们承担着巨大的压力，而且要找到一个适合照顾孩子和指导孩子的方式的确越来越困难。但我们还是应该试着和孩子一起放慢节奏去生活。让孩子根据自己的节奏去吃饭、穿衣，从而让他了解自己是谁，会做些什么。让他用自己喜欢的方式玩耍，以促进他把事物形象化、概念化，从而区分想象与现实，言语与行动。

回头想想，我们成年人，经受了多少日常的训练，吃了多少亏，走了多少弯路，才多少知道了一点儿轻重缓急，才知道怎样做事有效率，我们又凭什么要求孩子小小年纪就和自己亦步亦趋呢？所以，停止那些不必要的催促和逼迫吧，教育是一个漫长的过程，"不积跬步，无以至千里，不积小流，无以成江海"，"十年树木，百年树人"，别让自己的焦虑毁了孩子的生活。

在这方面，我们应该像龙应台学习一下，台湾女作家龙应台对儿童的节奏格外尊重，并以她自己的智慧走出了女性在个人事业与母亲角色之间的冲突，感动和启迪了无数读者。她在《孩子，你慢慢来》一书中写道："我，坐在斜阳浅照的台阶上，望着这个眼睛清亮的小孩专心地做一件事。是的，我愿意等上一辈子的时间，让他从从容容地把这个蝴蝶结扎好，用他 5 岁的手指。孩子，慢慢来，慢慢来……"

培养孩子的兴趣，变拖沓为主动

爸爸妈妈们不妨先回忆一下，你上次为什么毫无必要地去推迟某件你知道自己需要去做的事情？当时，你的脑海里可能有"我不喜欢它""我不想去做""我明天再做"等想法。产生这种抗拒的原因是，你此时此刻不愿去体验消极情绪。

相关研究表明，被拖延的往往是那些被定义为枯燥无味、令人沮丧或困难的任务。它们会唤起恐惧、焦虑和烦躁的情绪。减轻这种情绪的办法很简单：拖延——让未来的自己来做吧！孩子，也有这种心理。他们会因为抵触自己不感兴趣的事情而拖延，比如有些学生因为不喜欢某个老师所以对他布置的作业消极怠工，作为反抗的一种形式。归根结底，拖延与情绪有关，倘若孩子不喜欢、不感兴趣，那么你就是说再多的大道理，他也还是我行我素，什么圣贤道理都起不了任何作用。这个时候父母不妨转换一下思维，尝试让事情愉快友好并且有趣地进行。事实证明，只要爸妈有足够的耐心，有趣的育儿可以替代厌烦的育儿，只是需要一点小技巧。

1. 和孩子一起玩"比赛"小游戏

打个比方说明一下，大多数孩子对于大人刷牙很好奇，当大人刚买回小牙刷小牙膏时，他们会兴致勃勃地刷个不停，但没多久，孩子总是以各种借口拖延甚至不刷。马丽的孩子也是如此，她眼珠一转，计上心头。

"儿子，我今晚刷牙一定比你快！谁赢了维尼熊就会跟谁睡！哎呀我今晚能抱着熊熊睡了……""不行！维尼熊跟我睡。我一定能赢你的！"前一秒还不肯放下手中玩具的孩子，咚咚咚地就跑进了洗手间，唯恐比妈妈落后了一点点。

然后母子俩抢着装水、赶着挤牙膏、忙着刷牙，她还故意总是落后孩子，当孩子先刷完时那种自豪感就像一只胜利的小公鸡，还兴奋地告诉她如何如何才能又快又干净。

在运用比赛法时，爸爸妈妈们可以参考以下三种方式：

（1）让孩子自己与自己比赛。家长可以针对孩子的某一个磨蹭毛病，帮孩子设计一张自己与自己"比赛"的成绩表，首先记录下孩子做这件事的最初时间，然后每天记录实际完成这件事的时间，过几天总结一次，促使孩子不断地提高自己。

（2）让孩子与别的孩子比赛。家长可以与孩子一起制订一个和他的同学比谁早到学校的计划，并监督孩子此计划的实施情况；也让孩子邀请同学到家里做作业，并进行一个比赛，看看谁做得又快又好，谁能得第一。

（3）就像我们上面所说的那样，家长与孩子比赛。除了刷牙以外，还可以比一比看谁吃饭吃得快，比一比看谁衣服穿得快等等。总之，生活中许多你希望孩子干得快的事情都可以作为游戏的项目。

2.让卡通人物和孩子"对话"

孩子们都喜欢看卡通片，对于卡通片里的一些人物更喜欢的不得了。我们完全可以巧妙地把卡通人物搬出来，借助它们的影响力达到教育孩子的目的。

苏苏最近玩玩具玩得很疯，到了睡觉时间也迟迟不肯睡，真是让妈妈头疼得不得了。那天，苏苏又不想睡觉，妈妈突然灵机一动，说："儿子，刚刚熊二跟我说了，他说早睡的孩子才能长得跟他一样高、一样强壮，他还说认识你，他要我告诉你，你是个有非常守时的孩子，一到时间会自己上床睡觉！"苏苏瞪大了眼睛，"真的吗？""真的，你是个早睡早起的乖孩子！"苏苏丢下手里的玩具，然后爬上床自己盖上了被子，即使闭着眼睛，脸上仍旧带着笑容。

3. 用有趣的故事诱导孩子

孩子不喜欢做的事，你强迫他做，不仅无效反而有害。拿起床来说，很多孩子喜欢赖床，你非叫他起来，他就会大哭大闹，甚至起来后又倒下呼呼大睡。微微就是这样一个熊孩子，有一天早上微微妈突然心血来潮，自己扮起了村主任，把微微当成美羊羊。

"哎呀哎呀，美羊羊今天怎么还没去幼儿园呢？美羊羊还在床上呼呼大睡呢。不好不好，灰太狼看见美羊羊没去上学，自己假扮成美羊羊去幼儿园了。"微微妈看了一眼孩子，她虽然还闭着眼睛在装睡，但明显已经屏住呼吸在听。

"美羊羊最喜欢吃的冰激凌被灰太狼吃了，你看，它一口又一口地把冰激凌全吞到肚子里面了。"冰激凌是微微最喜欢的食物。

"它还要代替美羊羊溜滑梯、玩游戏……不好了，老师和其他小朋友都把它当成美羊羊了。怎么办呀，真正的美羊羊要去揭穿它吗？"

微微终于按捺不住一骨碌爬了起来，"不行，美羊羊一定要去揭穿它！"微微非常有正义感，这样的故事正戳中她的要害。

4. 找个"坏人"刺激一下孩子

孩子的是非观很简单，他们通常只能分辨"好"与"坏"，一般来说，和他们有利益冲突的，都会被他们称作"坏人"。家长可以利用孩子的这种心理，找一个坏人，刺激他们一下。

蒙蒙一到吃饭的时候就拖拖拉拉。爷爷奶奶唯恐他吃不饱长不大，每次吃饭都是威迫利诱，甚至满屋子追着喂饭。前几天，爷爷奶奶外出探亲去了，蒙蒙妈就开始实施自己的计划。一天晚饭时，蒙蒙像往常一样在看动画片，完全不理会妈妈叫他吃饭。

蒙蒙妈将一只玩具机器狗摆上了饭桌，"机器狗要吃掉蒙蒙所有的东西了，再不来就没有了哦。"

蒙蒙瞟了一眼，露出一副"这种伎俩骗不了我"的表情，然后不以为然地继续看电视。因为平时爷爷奶奶威迫利诱得实在太多了，以至于他习以为常不再相信了。

蒙蒙爸妈再也没叫他吃饭，而是悄悄地吃完并把剩饭剩菜倒掉了。

"哇！今天机器狗吃得好多呀，全部吃完了，真不错！"蒙蒙回过头来，看到饭桌上只有一只机器狗，哪里还有饭菜的踪影。

"我的饭呢？"蒙蒙不敢相信自己的眼睛。

"机器狗全给吃光了，你想吃的话，明天吧！"蒙蒙懊恼得说不出话。

晚上，妈妈和爸爸拿出小蛋糕和水果，不等叫，蒙蒙就自己跑过来吃了，那样子像是生怕机器狗再给抢光了似的。

孩子感兴趣，才有主动性，爸爸妈妈如果能成功引发出孩子的兴趣，那么教育必然事半功倍。对于年幼的孩子而言，往往越夸张越能引起他们的兴趣。但需要提醒的是，孩子们其实很聪明，同一方法用了几次以后，他们就会熟悉你的招式，这时候爸爸妈妈就要开动脑筋创新新方法了。值得高兴的是，当孩子们养成了某些良好的习惯后，他们就会一直延续下去。但无论怎么样，也无论什么时候，爸爸妈妈最重要还是要保持着一份耐心，只有耐心才能让育儿生活变得有趣并充满快乐。

引导孩子走出纠结小事的循环怪圈

小孩或许都有一个习惯，那就是会将自己的心思纠结在所有的事情上。不管是大事还是小事，也不管事情值不值得关注，他们都可能会因为这些事情而打乱心思。尤其是一些小事情，根本不应该让孩子"放在眼里"，免得让孩子长大后变得"婆妈"。

爸爸妈妈们经常会听到孩子说"妈妈（爸爸），我的作业本让我弄坏了，我写不了作业了""妈妈（爸爸），今天小明在老师面前说我坏话了，我很不开心"，或者是"妈妈（爸爸），我的校服脏了，老师肯定会说我的"。这些事情或许在孩子的眼中都是值得关注的事情，孩子也会因为这些事情而消耗自己很大的精力，但是家长要懂得正确引导孩子，毕竟作业本坏了可以换一个新的，小明说儿子坏话老师也未必会相信，校服脏了也不会影响到学习。

孩子从小就应该知道什么事情是关键所在，这样在他长大之后，想要完成一件事情的时候，才会找准关键和最重要的原因，不会避重就轻，更不会因为小事情而耽误了大目标。而爸爸妈妈在孩子面临一些小事情而纠结的时候，要帮孩子分解这些小纠结，然后告诉孩子什么事情才是值得去关注的，什么事情是值得去纠结的，从而让孩子能够把握住重点，不至于在以后遇到同样的小事情的时候不知所措。

5 岁的贝贝总是不能自己做决定，比如去超市买玩具或者零食，同一款的玩具或食品，他总是选来选去，妈妈跟他说都是一样的，随便拿一个就好，但是他还是要选来选去，不能决定拿哪一个好，往往最后都是妈妈帮他选择的。

木木每次写作业都非常慢，总是把写得不太好的字描的特别重，最近两个月，开始出现说话重复，当他想把一件事说明白的时候，同样的一句话，常常重复四五遍，而且做事总是不放心，比如收拾书包，他会闭起眼睛想他已经收拾的过程，以确认是否有什么遗漏，关门时，他会反复推门，看是否关上，总之做什么事都觉不放心，需要反复验证。他下课后会看好几次课桌，总担心东西落在那里。去姑姑家，明明知道自己只带了个背包和一个钱包，会打电话反复多次地问妈妈是不是只带来这两个包。

小雪已经上高中了，她有一个习惯，就是经常要洗手，每次中午睡觉前总是要洗好几次手，似乎有洁癖，而且洗澡的时间更长，弄得寝室里的同学都对她有意见。做题时，对于一道刚做完的题，总担心会算错，总要重复算好几遍。

孩子因为年龄小，有时候认识不到什么事情是小事情，什么事情是重要的事情，所以这个时候家长们就要做出正确的引导。当孩子在小事情上纠结的时候，在当时应该转移孩子的注意力，让孩子意识到什么事情才是最重要的，久而久之，孩子才会分清事物发展的主次，不再在小事情上斤斤计较。

生活中，爸爸妈妈们要怎样帮助孩子摆脱小事的困扰，关注更为重要的事情呢？

1. 认真地给孩子分析什么原因才是阻碍他实现目标的关键。有些家长可能在听到孩子抱怨的同时，会跟着孩子一起抱怨。注意！千万不要这么做！这个时候，家长应该分析事情的原因和结果，从而帮助孩子找到值得去关注的步骤，让孩子忽略小事情的纠结和不快。只有这样，孩子才会在以后遇到同样的事情之后，学会自己去分析和克服小困难。

2. 意念训练。当孩子纠结于某些小事不罢休时，爸爸要帮助孩子用意念努力去对抗这种现象，使紧张恐惧的心情得以放松。并告诉孩子这种行为没有任何意义，以分散儿童的注意力。当然，要做到这点，是很不容易的，一定要有毅力。多数孩子经过反复训练以后，这种现象才会逐步消失。

3. 行为疗法。对于单纯用意念不能对抗的现象，可以采用"行为对抗疗法"加以矫正。行为对抗疗法基本上是一种操作性条件反射过程，它把刺激与纠结行为反复多次结合，形成一种新的条件反射，使之与原来的行为相对抗，以消除原有的错误行为。家长们可以参照这个做法：在孩子右手腕上套三根橡皮圈，一旦婆婆妈妈反复纠结，如反复计数、反复检查等时，立即拉弹腕上的橡皮圈，强行提醒自己。

4. 培养爱好。鼓励孩子多参加集体活动，多与外界接触，培养孩子多方面的兴趣爱好，如唱歌、跳舞、听音乐、打球、跑步等，以建立新的大脑兴奋灶，去抑制那些纠结行为的兴奋灶，转移注意力。

5. 父母要纠正不良性格。如果父母本身有性格偏异，如特别爱清洁、过分谨慎、过于刻板、优柔寡断、迟疑不决等，孩子必然会受到影响，所以要改变孩子的习惯，父母首先要从自身做起，这一点甚为重要。

第八章

排除交往心理障碍，引导孩子
成为社交小能人

你的孩子为什么不受小伙伴欢迎

生活中，很多家长都有这样的苦恼：自己的孩子不受同学和老师欢迎，自己三天两头被老师叫家长。每位父母都希望自己的孩子人见人爱，可现实往往不尽如人意，很多孩子不但没有成为"万人迷"，反而成了"万人嫌"。

小朋友们正在认真地听老师讲故事，突然传来一声尖叫，而后又发出一声尖叫，老师很生气，质问是哪个小朋友在尖叫，几个小朋友指着张东奎说："是他。"

老师非常恼火，这个孩子几次三番惹事。老师看着张东奎，问道："是你在叫吗？"张东奎点了点头。老师继续问道："为什么要发出这样的怪声？"张东奎东瞧瞧，西看看，故意不理会老师。

午休时，小朋友们都在看书，张东奎也非常喜欢看书，他拿起书翻了几下，"咔嚓"一声，书就被撕坏了，老师过去问张东奎怎么回事，张东奎摇了摇头，周围的小朋友都说书是被张东奎撕坏的，而张东奎却一脸无辜地说："我没有，我只是翻翻它，它自己撕的。"

每天，张东奎都会闯出这样或那样的祸来，老师为此感到苦恼，周围的小朋友也都离他远远的。

从案例中我们不难看出，张东金这个孩子成了"万人嫌"，可这真的只是孩子的原因吗？张东奎的老师曾到他家中做过调查，调查发现，张东奎的父母对他的管束非常严厉，尤其是他的妈妈，总是对他要求这，要求那的，稍微不满意，就会对其进行批评，甚至打骂，他的内心之中满是紧张、压抑，这些情绪都在幼儿园中发泄出来。那家长应该怎么做才能让孩子招人喜欢呢？家长不妨告诉孩子，如果想要和其他人成为好朋友，被周围的长辈和同学喜欢，不妨问问他们不喜欢自己的原因，再从自身改善。当然了，如果你的孩子具备以下品质，那么他一定是个人见人爱的小可爱的。

1. 自信

自信是人际交往过程中的重要品质，只有自信的人才可以将自己成功推销给别人认识，更容易受他人的欢迎。自信的人不卑不亢、落落大方，和他人交谈的过程中显得更加从容。而那些一味地逃避群众，喜欢独处，认识不到自己不足之处的人很容易被大众疏离。

2. 真诚

这个世界上没有人是傻子，甘心被人欺骗或算计。想要交到知心朋友，真诚是必不可少的品质。真诚可以让交往的人友谊长存。

3. 信任

在人际交往的过程中，我们应当从积极的角度去理解他人的动机与言行，而不是一味地胡乱猜疑。信任是相互的，你在自己的心里设防护墙，那么别人同样会防着你。只有你信任别人，别人才会重视你。

4. 自制

与人相处难免有摩擦，面对摩擦，一定要学会克制自己的情绪，这样才可以避免不必要的争论，遇事应懂得克制自己，凡事以大局为重。但是克制并不意味着一味地妥协、退让、忍气吞声，在遇到不公平待遇的时候，还是要据理力争的。

5. 热情

在人际交往的过程中，热情的人总能围拢一群人，他们的热情似乎有着某种吸引力，可以促进人与人之间的相互理解，融化冷漠的心灵，所以，待人热情是沟通情感、促进人际交往的重要品质。

告诉孩子给予有度，教会孩子合理拒绝

大部分父母都希望自己的孩子愿意与人分享，慷慨大方，可孩子是个独立个体，不可能将每样自己所拥有的东西都与人分享，尤其是自己心爱的东西。实际上，孩子也应当有拒绝的权利，有时候也会遭到他人拒绝，父母应当教会孩子怎样拒绝别人的要求，如何坦然接受他人的拒绝。

孙硕从小就非常"讲义气"，凡事都"好面子"。刚读初二的他每个月都要靠借生活费来解决寄宿生活的种种难处。难道是他的爸爸妈妈给他的生活费太少了吗？不是，虽然孙硕的家里并不富裕，可是爸爸妈妈会尽力多给他一些生活费，让他在学校中可以认真地学习，不因为生活问题而为难。

记得有一次，孙硕和几个同学一起逃课去网吧，几个小时的游戏过后，已经是晚上八点多，几个人都饿瘪了肚皮，想着去下馆子。网吧附近刚好有一家餐馆，进去之后，几个人大鱼大肉地点了一桌，开始大吃大喝。虽然很饿，可是从进餐馆到现在，孙硕一直没吃好饭，心里总是想着结账的事情，这一顿下来怎么也得一百五六，自己一个星期的生活费才一百元。

吃完饭后，那几个哥们凑了凑，只凑了五十多块，之后，所有人的目光都集中在了孙硕身上，他顿了顿，一咬牙掏出仅有的一百元生活费，心想：回头再跟其他同学借点儿，大不了吃一星期泡面，总之，面子不能丢。

凡事都应该有个度，如果轻易承诺那些自己无法履行的职责，就会给自己带来巨大的困扰、沟通困难，因此，适当学会拒绝别人是非常必需的。当然了，拒绝实在不是件容易的事情，有的人在拒绝对方时，会因为觉得不好意思而不敢明说，导致对方摸不准自己的意思，进而产生很多不必要的误会，也容易让自己因此而压抑。勇敢地去拒绝别人很重要，但又不是很容易，家长教会孩子如何去拒绝别人，对孩子来说一生受益匪浅。

1. 教孩子坦然接受他人的拒绝

生活中，父母应该给孩子灌输"别人的东西不属于我"的思想，这样孩子就会逐渐明白拒绝别人的重要性。

2. 鼓励孩子独立做事

孩子如果已经具备了独立处理生活琐事的能力，父母就不用再为孩子包办事情了，这样孩子才可以在日积月累的亲身体验中积累经验、提升才干，才可以对父母、他们的行为进行恰当的接受、拒绝等。

3. 帮孩子学会做心理指令

父母应当帮助、促进孩子下决心开口，比如"我觉得不能答应她的要求""我相信他会理解的。"

4. 让孩子坚持自己的决定

有的孩子不敢拒绝同伴的要求，主要是因为担心别人不和自己玩，害怕自己被孤立，于是，不管别人要什么他都会答应，事后又会后悔。这种情况经常发生在年龄较小的孩子当中。这就需要家长逐渐培养孩子果敢的品质，自己说过的话、做过的事要勇于承担责任，自己已经拒绝同伴就要承担被冷落的后果。

5. 让孩子说出拒绝的理由

父母应当教导孩子，不愿意答应别人的要求时，应当直接向对方陈述拒绝的理由，比如，自己身体状况不好、社会条件限制等。一般来说，出现这些状况对方是可以理解的，而且会因为能够理解你的苦衷而放弃说服你，同时觉得你的拒绝是有道理的。直截了当地拒绝如同一盆冷水泼在头上，让人难堪，没有面子。家长应当教会孩子间接地拒绝他人。首先进行诱导，等到对方进入角色后，话锋一转，制造个"意外"效果，让对方主动放弃过分的要求。

6. 教育孩子用商量的语气同别人说话

家长应当教育孩子，拒绝他人时应当有耐心，直到对方同意、认可才行。比如，小伙伴非常喜欢自己的洋娃娃，非要抱回家去玩，如果孩子不想让小伙伴抱走自己的洋娃娃，可以用商量的口气对小伙伴说："这个洋娃娃是我的心爱之物，平时我自己都很少把它拿出去，如果你喜欢，可以在我家里和它玩一会儿，好吗？"这样一来，既巧妙地拒绝了对方，又不至于伤害到对方的自尊心。

7. 教孩子采用转折语气

家长应当嘱咐孩子，不好正面拒绝时，应当采用迂回战术，将话题转移，善于利用语气转折：必须做到温和而坚持，还有就是坚决不答应，可也不至于因此反目。比如，可以先向对方表示出自己的同情，可以对对方进行赞美，之后提出理由进行拒绝。之前对方已经因为你的同情和你走在了较近的距离，因此，你的拒绝会让对方产生"可以理解"的态度，进而接受拒绝。

8. 让孩子学会推迟他人的要求

孩子不想答应他人的要求可以采用"推迟"的方法，如"我想好了以后再告诉你""容我考虑一下"，这些都是委婉地拒绝他人的方法，他人也可以在孩子的推迟中明白其意图，进而避免双方尴尬。

9. 让孩子体验他人的感受

孩子单纯而善良，等到他了解自己的某句话、某个动作让同伴不愉快时，他的心里也会不舒服，父母应当给孩子解释，他的行为让对方的内心产生了怎样的波动。等到自己能够体会到他人的感受时，他就能设身处地地为他人着想了，也就知道怎么做才能让对方开心地接受自己的拒绝。

清除排他心理，培养孩子合作精神

很多独生子女家庭中，孩子习惯于依赖爸爸妈妈，却不习惯与人合作。但是，人不可能总是孤独地生活，需要与人合作。所以，孩子不但要懂得与父母合作，还要懂得与其他孩子合作，这对于他今后步入社会来说至关重要。

一次课外活动，四个小朋友李琪、陈浩、刘月、涂磊开始玩《蜘蛛爬》的游戏，这个游戏活动中必须要四人分工合作才可以完成的，期间他们可以更换分工，比哪一次合作的行进速度快。游戏的过程中，四个人要移动轮胎，其中一个人负责在前面拉，中间站一人向前移动，后面的两个负责推。

游戏开始了，四个小伙伴商量着谁在中间，谁在前面，谁在后面。最开始是刘月在中间的，陈浩在前面，李琪和涂磊在后面，由于陈浩的力气比较大，所以轮胎没有推多远就倒下来了。之后四个小伙伴开始商量着换位置，这次是李琪在最前面，涂磊在中间，陈浩和刘月在后面，可还是由于陈浩的力气大，用力不好，轮胎没推多远又倒了下来。最后经过商量决定陈浩在中间，涂磊在前面，李琪和刘月在后面，这一次的换位很成功，几个人很快就将轮胎推到了终点。他们非常开心。

在游戏的过程中，孩子们通过轮流的角色体验、经验分享，最终找准了让轮胎快速前进的最佳位置。

有句歌词叫"一根筷子轻轻被折断，十根筷子牢牢抱成团"，一个人的力量终究是有限的。在当今社会，分工越来越细，任何人都不可能凭借单打独斗取得胜利。哪怕是在工作，也是分各个部门，大家团结协作，各自做好自己的本职工作才能最终获得圆满的结果。一个人再聪明也只有一颗脑袋，一个人再能干也只有一双手，只有与人为善、以诚待人，才可以巩固自己的人际关系。学会和他人团结协作，才能有更大的成就。父母一定要让孩子认识到合作的重要性，这样才有助于孩子在未来的道路上取得更辉煌的成就。

1. 为孩子树立良好的榜样

孩子年幼的时候尚未定性，善于模仿和学习。爸爸妈妈要以身作则，给孩子树立良好的榜样。生活中，爸爸妈妈要相互关心、体谅，处理事情的过程中多合作，这样孩子就会在耳濡目染中逐渐体会并模仿。相反，如果孩子生活在一个不善于合作的家庭里，那么他与别人合作的机会就会减少，合作能力也会变差。

2. 提供机会让孩子和父母合作

爸爸妈妈要给孩子提供尽可能多的合作机会，让孩子能获得比较丰富的合作经验，在合作的过程中，要让孩子充分体验到合作带来的喜悦与成就感，让孩子产生愿意合作的积极情感体验。比如，妈妈可以和孩子一起玩皮球，具体做法：妈妈和孩子之间保持一定的距离，妈妈将皮球滚到孩子那边，孩子将皮球滚到妈妈这边。在类似的亲子合作游戏可以让孩子体会到独自游戏体验不到的快乐和愉悦。妈妈也可以通过日常生活中的小事培养孩子的合作意识与合作能力。比如，带孩子到户外散步时，看到蚂蚁运粮食，妈妈可以引导孩子思考："为什么会有这么多的小蚂蚁来搬一粒粮食呢？""因为一只蚂蚁搬不动？"让孩子明白合作可以产生的力量是非常大的。

3. 鼓励孩子多参加集体活动

平时应鼓励孩子多参加学校组织的竞技比赛、游戏等，有助于培养孩子团结合作的精神。而且在活动的过程中和同伴交流，能学习到克服困难、解决问题的方法。孩子在课余时间参加一些有意义的活动，家长不仅不能反对，反而应该鼓励他。

4. 让孩子分享合作成功的喜悦

家长应该告诉孩子，不管你在集体活动中担任什么角色，都应该努力做好自己担任的事务，这样团队的力量就会更强大。集体活动成功后，孩子应该分享成功带来的喜悦。

5. 让孩子学会与人商量

如果孩子平时不怎么讨人喜欢，说话有些刻薄。那么家长不妨教育孩子把嘴巴变"甜"。不管是做什么事都让孩子用商量的语气与人交谈，博得对方同意之后再下决定。比如，想和其他小朋友玩同一个玩具，不能说"给我玩！"而是要说"我们可以一起玩吗？"或者"可以借给我玩一会儿吗？"

6. 教孩子和其他成员加强沟通

当孩子和别人的沟通不成问题，创造出和谐的合作环境，成员之间彼此乐于帮助，团结而忠诚，那么就可以有效解决成员之间的内部冲突。

引导孩子自己正确解决小冲突

你的孩子是不是经常一回家就跟你告状，不是这个同学拿了他的橡皮，就是那个同学翻了他的书包，既好笑又无能为力。孩子之间的冲突，总不能让家长去出头帮孩子出气吧。该怎样教孩子正确看待和朋友之间的冲突与矛盾呢？

一年级3班的同学正准备排队出门，突然董娜娜委屈地哭了起来，黄东波站在旁边生气地看着董娜娜。老师走了过去，蹲下来，问董娜娜："你怎么啦？为什么哭啊？"董娜娜委屈地说："黄东波打我了。"老师转头看向黄东波，结果黄东波转头就想跑开，被老师一把拉住了他，老师说："东波，老师不会责怪你，也不会觉得你不好，老师只是想知道刚才究竟发生了什么？"黄东波说："刚刚董娜娜非要从我这里过去，我不让她过去……"老师问："你不要董娜娜从这里过去，而娜娜一定要过去，所以你打了娜娜，是这样吗？"黄东波点了点头。老师又问："东波，你为什么不让董娜娜从这里过去？"黄东波说："我要收费，收费之后她才能通过。"董娜娜说："我不要交费，我就要从这里过去。"老师点了点头，对东波说："娜娜，不想玩这个收费的游戏，想直接过去。是吗？"董娜娜点了点头。老师问两个孩子："刚刚发生的事情是这样的，娜娜想从这里过去，而东波想玩收费的游戏，拦住娜娜不让娜娜过去，而娜娜不想玩收费的游戏，想直接过去，东波一着急就打了娜娜，娜娜觉得委屈就哭了，对吗？"两个孩子都点点头。

老师告诉东波说："首先，打人是不对的，所以，东波你要和娜娜道歉。娜娜你也可以说：'东波你刚刚打我，我很委屈，请你向我道歉。'"娜娜照做了，东波也不好意思地对娜娜说："对不起。"接下来，老师又说："东波，你刚刚打娜娜只是因为很着急，你希望娜娜可以和自己玩收费的游戏。现在你告诉娜娜自己的想法好吗？"东波看着娜娜，还是不知道该如何开口，老师就提示东波："你可以说，'娜娜，我刚刚有些着急，希望你和我玩收费的游戏。'"此时，娜娜着急地说："我不想玩啊。"老师说："娜娜，请你先让东波把话说完好吗？"娜娜同意了。东波照着老师刚刚说的又重复了一遍。然后，老师问娜娜："你想和东波玩收费的游戏吗？"娜娜说："我不想玩。"老师说："那请你告诉东波好吗？"娜娜说："我不想和你玩收费的游戏。"老师问：“那你希望东波怎么做呢？”娜娜说：“我想直接过去。”老师提示道：“你可以告诉东波'请你让我过去。'”娜娜又照做了。老师转头问东波：“你现在明白娜娜的想法了吗？”东波点了点头。老师说：“请你尊重娜娜的想法哦。只有别人同意和你玩，你才能和他玩这个游戏。”东波点了点头。老师问两个孩子：“你们觉得刚才的问题解决了吗？”两个小伙伴都笑着点了点头。

很明显，案例中两个孩子的冲突是由于双方没有表达清楚，没能尊重对方的选择。当今的孩子独生子女居多，在家里当“小公主”“小王子”惯了，不知道该如何尊重别人的大有人在。如果孩子平时懂得尊重他人，那么即使发生冲突也能及时处理，得到良好的解决。那么家长该如何教孩子面对朋友间的小冲突呢？

1. 让孩子懂得进行自我反省

你要告诉孩子，如果你的朋友当中有个别的人对你有意见，那么可能是对方的问题，如果在一个圈子里大部分人都对你有意见，那么肯定是你自身有问题，此时你要做的就是进行自我反省，看看自己究竟哪里做错了，是不是太以自我为中心了，并及时纠正。

2. 让孩子懂得控制自己的情绪

很多时候，孩子比较任性，不会考虑后果，自己心里不高兴就冲着别人发泄出来。家长应该告诉孩子：“在你生气的时候，想发怒，一定要转移自己的注意力，或者离开当时的环境。等到你学会控制自己的情绪之后，你就长大了。”

3. 告诉孩子要宽容、大度

父母要让孩子明白朋友之间个性不同、生活习惯不同，要学会彼此尊重和包容。每个人都是重感情的，你帮他，他自然会帮你，互相帮助才能加深友谊。在深厚友谊的基础上，彼此提出一些意见是很容易被接受的。

4. 让孩子多关心、帮助别人

家长应该让孩子多帮助别人，自己也主动去帮助需要帮助的人，给孩子树立榜样。经常帮助他人孩子更容易受小朋友们的欢迎，发生冲突的概率也更小。

5. 让孩子自己解决问题

孩子在和伙伴相处时，发生小冲突在所难免，这时父母不能听风便是雨，对每件事都大惊小怪。如果是在孩子能力范围之内的事，尽量让孩子自己去解决。只有一些比较严重的事情，父母和老师才能出面。不管是哪种解决方式，都应当摆事实、讲道理，千万不能动不动就大吵大闹，否则会对孩子产生不好的影响。孩子之间的冲突大多是暂时的，没有原则上的敌意，可能今天吵得很厉害，明天就和好了，在这个过程中能相互磨合，学会交往。如果家长鼓动孩子通过武力解决问题，容易导致孩子的斗争升级，对孩子将来的发展不利。

激发善良心理，从小培养孩子做有爱心的人

有父母表示不解，山里孩子虽然生活艰苦，受父母、乡村老师的教育，可却表现出了超乎常人的毅力、耐心，最后在很多领域取得了

卓越成就。而很多城里孩子的表现却不尽如人意，他无视父母的关爱，无视周围人的利益，以自我为中心。城市孩子的父母大都工作繁忙，很少有时间陪孩子，孩子要什么给什么，而孩子也觉得这一切是自己理所应得的，这也是城里的孩子越来越缺乏爱心的重要原因之一。

一天中午，魏然的爸爸给他抓来一只小鸟。魏然看到小鸟开心地拍手大叫，他给小鸟搭了温暖的小窝，之后又张罗着给小鸟找食吃。魏然蹲在地上观察着小鸟，而小鸟却害怕地叫着、扇动着翅膀。为了防止小鸟逃跑，魏然把纸盒扣在了小鸟身上，去客厅看动画片。直到下午，魏然才想起小鸟来，掀开纸盒一看，小鸟居然死了。魏然非常生气，对爸爸说："爸爸，小鸟怎么死了啊，再给我抓一只吧。"

妈妈走到魏然身旁，对他说："小鸟死了，你不难过吗？是魏然把纸盒扣在小鸟身上的。"魏然听到妈妈这样说，不好意思地低下头，说道："我不是故意的，它总是乱飞，我怕它飞走。"妈妈微笑地摸了摸魏然的头，耐心地告诉他："妈妈知道你不是故意的，可小鸟应该生活在树林中，和爸爸妈妈、兄弟姐妹在一起，你把它养在家里，它是活不下去的。小鸟的妈妈现在可能正在找它呢。"魏然听到这里，内疚极了，急忙对妈妈说："妈妈，我再也不要小鸟了，也不让小鸟和它的家人分开了。"

孩子今后的人生道路还很长，只要孩子有爱的动力，以后做任何事情都不会觉得害怕。教育的重要目的就是培养孩子爱的情感，激发孩子身上沉睡的爱之力量。在教育过程中，爱不但能够化解尖锐的矛盾，还可以让孩子用饱满的热情去实现自己的目标。那么，家长应当从哪些方面引导孩子做有爱心的人呢？

1.以生活点滴渗透爱心

比如，孩子和其他小朋友一起玩耍时，其中有位小朋友摔倒了，妈妈可以告诉孩子过去扶他；家里可以养些宠物，如小猫、小狗，让孩子在与小动物接触的过程中更具爱心；看到某个小朋友抢其他小朋友玩具时，妈妈可以抓住这个机会告诉孩子这样做是不对的，是没有爱心的表现，应当将自己的玩具和其他小朋友分享，但是，如果喜欢别的小朋友的玩具，应当得到对方的认可才可以同别人分享。

环境是重要的教育资源，可以通过环境的创设、利用，有效促进幼儿的发展。可以鼓励孩子种各种花草，并且关注花草的整个成长过程，为它浇水、施肥、捉虫。或是鼓励孩子饲养小鸡、小兔子、小金鱼等，让孩子担任喂食、换水、清理等工作。参与这些过程的同时，孩子不但拥有了热爱劳动的好品质，还激发出了他们热爱动植物、关爱生命的好品质。

孩子的思维形象具体，仅仅通过抽象概念通常难以让孩子接受，并且，通过孩子喜欢的艺术形式对孩子进行"爱的教育"，就能够获得良效，比如鼓励孩子和其他小朋友演一场话剧《卖火柴的小女孩》《七色花》等。话剧演完后，引导孩子们进行讨论，让他们懂得帮助他人是件快乐的事情，萌发孩子关心、帮助他人的爱心。

2. 综合利用各种教育资源对孩子进行爱心教育

汶川发生地震时，全世界人民都高度关注。孩子也在电视机上看到了这一幕，这场灾难一时间成为孩子们谈论的话题，家长可以抓住这个教育契机，引导孩子讲述灾难发生后世界各地的人们如何伸出援助之手、如何救助灾区人们的感人故事。父母为孩子讲述这些故事，能够激发出孩子强烈的同情心、爱心，让孩子初步感受到灾难面前团结互助、互相关爱的真情所在。

唐山大地震中，几乎每个有经历的人都曾救助他人或被他人救助过。这些有经历者多是孩子的爷爷奶奶，他们生活在孩子身边，是良好的教育资源。妈妈可以让孩子多与这些长辈接触，通过记录的方式让孩子将老人们的经历记录在本子上，回家后复述给妈妈听。这样的活动能够激发孩子强烈的同情心和爱心。

节假日时，父母可以买些衣物、零食，带着孩子去孤儿院、敬老院，让孩子明白，自己拥有的一切对某些人来说是多么奢侈，同时培养孩子的爱心。

培养共情能力，让孩子懂得多为别人着想

如今，很多家长抱怨"现在的孩子怎么这么自私？"不管父母多累，都要给自己做自己喜欢的晚餐；和别人一起玩，不管做什么游戏都必须让着自己……难道别人的痛苦就不是痛苦吗？只有以他们为中心他们才能开心吗？

一次，叔叔一家要去上海迪士尼旅行，他们邀请了 12 岁的相安一起去。那天，相安的爸爸公司里有个重要会议，等到相安准备好行李，准备和叔叔一家一起上飞机的时候，妈妈的胳膊不小心被热汤烫出了血泡。为了可以让相安开心地出门，妈妈隐瞒了被烫伤的事，尽力装作没事的样子，可爸爸却看出了妈妈隐忍的表情，坚持让相安留下来陪妈妈。当时相安只顾着自己高兴，根本没注意到妈妈的异样，气得

哇哇大哭。爸爸偷偷把相安拉到一边，严肃地说："你不能把妈妈一个人丢在家里，我刚刚发现她的胳膊被烫伤了。"相安仍然大哭，叫道："明明是你不让我去，如果妈妈的胳膊真的烫伤了，她怎么还笑得出来，刚才妈妈还笑着说让我好好去玩呢？"爸爸质问道："你难道真的看不到妈妈有些皱着眉头吗？她装出开心的样子只是怕你担心她，不能安心地出去玩。你难道真的忍心把如此爱你的妈妈独自丢在家里吗？"相安偷偷跑到门口，这才看到妈妈痛苦的表情，难怪妈妈一早就没在家里，原来是去医院买烫伤药了。想起自己每次生病的时候妈妈整夜不睡哄着自己，相安决定留在家里陪妈妈。

爸爸告诉相安："相安，你不能只在口头上说爱妈妈，要通过实际行动中表现出你对妈妈的爱，要像妈妈爱你一样去爱她，通过妈妈的眼神、说话语气和一些行动感受妈妈的需要，爱她、帮助她。"

肯为他人着想的孩子，都有一颗善良的心，并且会同情他人。华盛顿大学的斯托特兰德博士通过研究发现，鼓励孩子去想象别人的感受或设身处地为他人着想，可以有效培养孩子的爱心。

1. 教孩子懂得帮助别人

在很多人眼中，帮助别人是一种吃亏的做法。因为帮助别人过程中要耗费自己的精力和物力。你可以告诉孩子，帮助别人的过程中他能体会到很多快乐，在帮助别人的同时会享受到别人对自己的尊敬、感谢，以及对方投来的感恩一笑。

2. 教孩子学会换位思考

孩子之所以会以自我为中心，是因为他意识不到自己的行为会给别人带来什么样的负面影响，家长可以引导孩子换位思考。比如，孩子抢了其他小朋友心爱的玩具，妈妈可以说："如果是你最心爱的玩具被比你大的孩子抢走了，你会怎么样？"这样孩子就能逐渐学会换位思考，不再做出伤害别人的事。

3.给孩子提供为别人着想的机会

比如，爸爸下班之前，妈妈可以告诉孩子："爸爸在外面辛苦工作一天了，一会儿主动帮爸爸拿公文包。"奶奶到家里常住，妈妈可以告诉孩子："奶奶的腰不好，奶奶走路的时候你要搀扶着她哦。"久而久之，孩子就会养成为他人着想的习惯。

4.对孩子关心他人的行为进行表扬和鼓励

如果孩子帮奶奶拿药、帮妈妈扫地、把手中的零食让给邻居家的小妹妹，家人要赞扬孩子，或者给孩子一个赞扬的吻，这样孩子以后就会更愿意做类似的事情。

树立尊重意识，别让孩子学会轻视他人

你带着孩子出门时，是否当着他的面歧视过清洁工、服务员；看到街头卖艺的人时，你是否掏出一元钱，让孩子放到他的碗里；回乡下时看到农民伯伯在地里辛劳，你是否告诉孩子甜美地喊上一声"伯伯好"……生活中的点点滴滴都能体现出孩子的素质。作为家长，我们应当时刻教育孩子尊重他人，为他人着想。

一位中年妇女带着一个七八岁的孩子去火车站坐火车，在天桥上，他们看到了一个失去一条腿靠唱歌卖艺糊口的中年男子。孩子见那位残疾人很可怜，就想把自己口袋里的零用钱拿出来放到他装钱用的草帽里，哪知孩子的钱刚掏出来，妈妈就说："我们快走，火车快误点了。"孩子掏了一半的手又缩了回去，母子俩谁都没发现孩子的火车票落在地上。那位卖艺的残疾人捡起车票追了过去，边追边喊："等一等，车票掉了。"但是离得太远，母子俩谁都没听清他说的是什么，妈妈回头一看，见刚才那位卖艺的残疾人跟着自己，还以为是想要钱，就冲着孩子说："你看这个瘸子多么贪得无厌，他的草帽已经有那么多钱了还要追着咱们要。"说完就拉着孩子继续往前走，这时孩子突然发现自己的火车票不见了，就拉住妈妈说："我的车票好像丢在了刚才那个地方，我们快回去找找吧。"母子俩快步往回走，刚好和那位卖艺的残疾人碰了个正着。拿回了自己的车票，那位妈妈也已羞得满脸通红。

另一位女士，是某公司的高级工程师，她为人谦和，每次带着孩子出去玩时都会让孩子和门卫、清洁工人等亲切地打招呼。小区里有位老爷爷是收废品的，每次家里废品积攒到一定量时，她都会让老爷爷到楼上去搬，从来没要过废品钱。出门遇到老爷爷时，她也会微笑地跟他说上几句话。住在那个小区的人不是商业精英，就是高官人士，而那位女士是唯一主动和收废品的老爷爷打招呼的。

一次，孩子问妈妈："这里的人为什么都不和老爷爷打招呼呢？"妈妈回答道："因为他们认为自己的身份比他高贵。"孩子继续问妈妈："难道妈妈不认为自己的身份比老爷爷高贵吗？"妈妈回答道："是的，每个人都是平等的，我们不能因为自己的条件比别人优越而不尊重别人；如果我们的条件比别人差，我们应当尊重自己，不能看不起自己，明白吗？"孩子点了点头。

一个人，不管从事哪种职业，不管收入是多少，不管身体状况怎样，都希望得到他人的尊重。尊重是种美德，是中华民族古老的传承。如果父母或亲人中有不尊重身份、地位、条件不如自己的人，孩子看多了，就会学着他们的样子不尊重他人。

比如，如果父母常常表现得拜钱、物质，孩子就会学会父母的样子拜金和物质，对班上有钱有势的孩子另眼相看，却鄙视家庭条件差的同学。在学校中，孩子间的相互攀比现象非常普遍，某个孩子有缺陷，常常会成为班上其他同学谈论的话题，他们甚至会一起嘲笑这位同学。老师不喜欢某个学生，其他孩子也可能冷落他。

学校中同学间的攀比、老师的看法、社会上其他人的看法，家长都是不能控制的。可是，家长可以控制自己的言行，通过自己的行为感染孩子。还应当提醒孩子："不管别人的家庭背景、职业、地位、财富如何，成绩好坏，是否健康等，我们都应当用平等的眼光去看待他们、尊重他们，只有这样，别人才会尊重你。其实，尊重别人就是尊重自己。"

尊重是一种修养。一个人对待他人时，不管对方身份地位如何，都显示出了对对方的尊重，那么这个人也是有修养的。

第一个案例中的妈妈用"瘸子"称呼那名卖艺的残疾人，言语之中充满了不屑、不尊重；而第二个案例中的妈妈用自己的言行告诉孩子，每个人都是平等的，身份、地位根本无法判断一个人是高贵还是卑贱，通过言传身教，她教会了孩子如何尊重他人。哪种教育方法是对的一目了然。

尊重是一种心态。如果孩子习惯用外在条件进行比较，在遇到比自己条件好的人时，就容易产生自卑、羡慕、嫉妒等心理；遇到比自己条件差的人时，又会产生高人一等的心理，傲慢自大，目空一切，这对孩子的身心健康发展不利。抱着人人平等、尊重他人的心态，就能够做到宠辱不惊、保持情绪稳定、心态平和。因此，父母有义务教育孩子尊重他人。

1. 以身作则

父母是孩子的榜样。通过上述案例可以看出，想让孩子尊重他人，父母首先应当做到：处在他人之下时尊重自己、不谄媚、不阿谀奉承、不妄自菲薄；处在他人之上时不嘲讽、不贬低、不自大。

2. 从生活的点滴渗透

从上述案例之中也能体会到，对人的尊重并非应付、做作，而是发自内心的，要从生活中的点点滴滴逐渐渗透进去的。孩子在和年长者接触时，不管是陌生还是熟悉，都应当尊称"您"，不能用"你"，更不能直呼其名；在商场，看到清洁工打扫卫生时，应当及时绕行，以免弄脏刚刚打扫干净的地面；孩子向长辈提要求时，不能乱发脾气，应当言语平和；遇到残疾人不能用"瞎子""瘸子"等刺激性言语称呼……尊重并不是朝夕养成的，父母应当善于利用生活中的点滴，教导孩子尊重他人及他人的劳动。

3. 尊重孩子的想法

父母不能一味将孩子看成被教育的对象，应当给孩子提供表达心理状态的机会，其实这也是父母在为孩子做尊重他人的榜样，孩子能从中学习到什么是尊重。父母答应孩子什么时间去做什么事情却没有做到时应当及时给孩子道歉，解释未能履行诺言的原因。及时补过，体现的是对孩子的尊重。

引导而非严控，帮孩子顺利 度过"异性好感期"

从孩子身心发展的角度上说，通常情况下，孩子长到 3 岁时，会产生社交欲望，对同龄儿童产生兴趣，而且需要找些小朋友一同玩耍。在孩子的心目中，此时的男女伙伴之间并没有什么差别，他们的交往天真而纯洁，只要能玩到一块就行。异性孩子之间进行活动对其成长有很多好处：利于学习、增强社会交往能力……其实，还有一大好处，就是异性之间交往能够消除性别神秘感，利于其各自心理健康的发展。

一旦成人禁止异性孩子之间的活动，会导致孩子对异性产生神秘感，对其心理健康发展不利，并且，孩子会丧失与异性交往、学习的机会，导致其日后可能由于缺乏和异性之间的交往经验而无法更好地适应这个社会。其实，家长只要告诉孩子与异性交往过程中的尺度就可以了。

一天，妈妈收拾读初一的女儿郭秋玲的房间时，发现了女儿的日记本里夹着一封信，上面表达了自己对同班的一名学习成绩优异的男生的爱慕之情。妈妈简直无法相信，13 岁的女儿居然会早恋。郭秋玲的成绩一直不错，和那个男孩的关系也很好，两人平时经常一起做作业、研究习题、去图书馆看书。妈妈的心久久不能平静，如果秋玲因此耽误了学习怎么办，妈妈该怎么做才好？

其实，很多家长都会遇到秋玲妈妈的问题，随着孩子生理、心理的发展，十三四岁的孩子就开始步入"异性好感期"，很多男孩儿女孩儿在这个阶段并非表现出过多关注、喜欢异性，而是通过相反的方式表达自己内心的喜爱，如对异性冷漠、轻视，有的男生甚至通过攻击的方式表达内心的感觉。

表面上，此时男女双方对立、排斥，其实他们的内心很渴望得到异性关注，希望异性能够在意自己的形象。所以，这个阶段的孩子表现出青睐异性非常正常。但是，有的男孩儿和女孩儿由于不能把握自己而陷入感情漩涡之中，他们认为这就是爱情，其实，最多只能算是一种好感，可是对于心智尚未成熟的孩子来说，根本不能分清友情、爱情。

家长应当帮助孩子顺利渡过这一时期，并对其进行恰当指导。那这个尺度应该如何把握呢？

1. 告诉孩子以促进双方进步为动机进行交往

以良好动机为指引下的男女生共同学习、活动，才可以不断产生新的健康内容，不断进步。

2. 帮孩子度过"异性好感期"

对于正处于"异性好感期"的孩子来说，家长应当对其进行恰当的性教育。因为此阶段的孩子，身心迅速发展，懵懵懂懂，虽然长大了，可却并不成熟，好奇心强，模仿能力强，书刊、影视都成了他们模仿的对象，若家长不进行积极引导，此阶段的孩子很可能做出后悔一生的事情。家长应当认识到性教育的必要性，或是干脆给孩子买本科学、透彻的相关书籍让孩子看等。

3. 引导孩子把握异性交往的"分寸"

告诉孩子，交往的过程中要大方，尊重异性，要开朗、热情，和异性之间互帮互助，以友情为主线。

4. 扩大孩子的交往范围

让孩子积极主动地参与到集体活动当中，保持男女同学之间的正常友谊，尽量不要让孩子单独与某一异性朋友待在一起。

5. 让孩子知道什么才是真正的朋友

很多家长对于孩子的模仿能力感到惊愕，不管是好的还是坏的，他都能学得头头是道。总听到家长抱怨"我家的孩子和××小朋友一起玩，回家之后学会了骂人""我家的孩子和××小朋友一起玩，竟然学会了偷东西"，孩子对外界的一切事物都是好奇的，很多时候，别人展现在他面前的是什么，他觉得好玩，就会去学，并不了解事情背后有关道德、品质的问题。所以家长有必要引导孩子交能对自己产生积极影响的朋友。

石蕊今年5岁了，最近她经常找一个叫吴静的小女孩玩，吴静比石蕊大一岁，但却似乎比石蕊成熟很多。石蕊每天除了上学就是回家和妈妈一起做游戏，而吴静的父母是卖凉菜的小贩，吴静每天都要帮爸爸妈妈做很多事，比如买酱油、买香油、擦柜台、择菜等。除了石蕊，其他小朋友都不愿意和吴静玩，因为那些小朋友的妈妈说吴静"不卫生"。而石蕊的妈妈却觉得，吴静只是家境不怎么好，根本没有那么夸张。而且看着吴静勤劳的模样，石蕊的妈妈打心眼里喜欢。

有时候石蕊的妈妈还会让女儿请吴静姐姐到家里来玩，石蕊很大方地把玩具、画书、零食都拿出来和她分享，两个孩子在一起玩得很开心。有时候两个孩子也会发生争执，但大多数时候吴静都会让着石蕊。于是石蕊的妈妈便告诉女儿，"你是小主人，应该学会谦让。你看吴静姐姐总是让着你，你也应该以小主人的身份谦让吴静姐姐，对不对？"后来慢慢地，石蕊再邀请吴静来家里和自己一起玩的时候，就会指着桌上的零食说："姐姐你先挑。"有时候，吴静还会带着石蕊去菜市场给妈妈买菜，或者去超市买醋、买酱油，剥葱洗菜。慢慢地，石蕊也有了些变化。妈妈洗菜时，她在一旁帮妈妈，裤子破了，她会说，"妈妈给我补个小熊猫吧。"而且她还学会了自己去买菜。看到石蕊一天比一天懂事，妈妈感到很欣慰。

孩子交什么样的朋友对孩子的影响还是很大的。曾经有家长说，自己的孩子原本很是乖巧。由于家里的大人忙于工作，将孩子放在哥哥家带，两年之后，孩子才只有十岁，却是浑身的痞气。谁欺负他他就会找自己的堂哥（哥哥家的儿子）帮忙，后来竟然和堂哥在学校里公然抢劫。可见，孩子所交的朋友对于他的人生观、世界观、价值观有很大的影响。交友是要有选择的，而且要从善而择，与优秀的人交朋友，孩子自身就能提高、完善。长期和一个人在一起，那种潜移默化的影响是不容忽视的。那么家长该如何引导孩子交友呢？

1. 和孩子成为朋友，引导孩子认识朋友.

父母是孩子的第一任老师，能帮助孩子更好地了解世界、认知社会，如果家长只知道把孩子送进学校就觉得自己尽了教育孩子的义务，那么你就大错特错了。孩子在校园接受的是应试教育，而关于为人处世、认知社会、何为朋友等还需要家长来引导孩子。家长可以在适当的时候学着和孩子聊关于朋友方面的话题，关注孩子的校园生活与学业情况，积极融入孩子的生活中，试着和孩子成为朋友，教导孩子辨识真假朋友，告诉孩子什么样的朋友该交、什么样的朋友不该交，对于别人的请求知道如何判断该帮还是不该帮，如果不帮如何向对方说明等，防止孩子因为不会判断、处理而终酿成大祸。

2. 鼓励孩子拓宽自己的交友范围

家长应该鼓励孩子通过广交朋友来完善自己，扩大自己的交友圈子，交不同的朋友对孩子的全面发展是大有益处的。当然，还应当鼓励孩子远离那种见利忘义、损人利己的人。家长要培养孩子拥有宽广的胸襟，因为只有这样的孩子才能包容朋友的过错。而且要提醒孩子，交一两个敢于提出他不足和错误、批评他过失的人。

3. 培养孩子的观察力

中国有句古话："近朱者赤，近墨者黑。"你应该告诉孩子，在没有了解对方的基本品质之前，仅仅凭谈得来和互相欣赏就将自己的信任和感情和盘托出是容易造成不良后果的。家长还要注意，孩子可以广交朋友，但是不能滥交朋友，应当通过和对方的多次交往来观察对方的言谈举止，洞悉对方的个性、爱好、品质，观察对方的情绪变化，进而判断对方是否值得深交。

4. 告诉孩子要远离不良朋友

孩子交到好的朋友有助于他意志品质的形成，而且有助于他的进步和个人身心的全面发展，终身受益。可孩子终究是孩子，缺乏社会经验和明辨是非的能力，父母虽然不能阻止孩子交友，但要提醒孩子慎重交友，鼓励孩子和那些有道德、有思想的人做朋友，交遵纪守法、正直善良的朋友，交认真学习、兴趣广泛的朋友，和那些不良的朋友划清界限。有的孩子由于受不良朋友的影响而拜金、打架斗殴、放纵自己，其危害可见一斑。

第九章

解读叛逆期心理，科学引导
防止孩子走上歧途

为什么会叛逆，孩子叛逆怎么办

　　谈起孩子的青春期，可能有很多的家长会感觉到头疼，在他们看来，青春期的孩子往往比较叛逆，总是和父母"拧"着干。而且那个时候，他们经常说的话就是"没意思""真没劲""孤独"，行为也会更让家长抓狂，比如文身、染发、烫烟花……

　　周末，妈妈想要带着刚上初一的张云飞去逛街的时候，他却对妈妈说："没劲，我不去了！"其实这已经不是他第一次拒绝妈妈，也不是第一次觉得妈妈要求他做的事没劲了。有时候妈妈想带着他参加亲戚朋友的婚礼时，他也很不情愿去，而回来以后也是扔下一句"真没劲"就会回到自己的屋子里不出来；当妈妈让他学习的时候，他仍然会说"没意思"。

　　张月今年读初二，平时的话不太多，由于学习比较紧张，所以父母对她照顾得很好，牛奶、营养品等的供应都没有间断过，而且她想要什么的话父母也都会满足她。节假日去爷爷奶奶、姥姥姥爷家去的时候，老人们也都很热情，都十分喜欢她、疼爱她。按理说小月应该十分的满足才对，可是她在自己的日记里却这样写道："我觉得自己好孤独，没有人能够真正地理解我。"

　　张君浩一直都是爸爸妈妈的乖儿子，但是自从他上初中之后，整个人却大变样，不仅和校外人士来往密切，而且还打耳洞、戴耳钉，染着红色的头发，远远看去好像个女孩。老师经常说他是"不良少年"，爸爸也快被儿子的装扮气得半死。

上述案例中的场景在日常生活中比比皆是。孩子到了青春期之后，开始有了自己的小秘密，他们很希望能够与别人交流，希望别人能够理解自己，但是却又信不过身边的人。所以在这种比较矛盾和纠结的心理斗争之下，他们就会形成孤独感，长时间得不到缓解的时候就会出现抑郁。孩子在成长的过程中有两个"断乳期"，一个是小时候身体上"断乳"，那个时候他们开始能够比较流利的说话，能够走路，茁壮成长。还有一种就是心理上的"断乳"，这种情况就出现在青春期。在青春期的孩子往往会有这样的心理：觉得自己是大人了，不再需要家长的管束了，自己已经成熟了，完全可以独当一面。在这种心理的影响下，孩子的认知就会和之前出现偏差。在他们看来，父母的关心和爱护并不像之前那样的让心里暖洋洋的，反倒是让人觉得很烦。父母说什么自己也不想听。老师也没了之前的耐心，无论上课讲什么自己都会觉得"真没劲"，开始"看不上"老师。而之前的好朋友也不再像从前那样的亲密无间，开始有了各自的新朋友。新朋友开始进入他们的生活，让他们不断地通过张扬个性来向成年人示威！那么家长该如何帮助孩子顺利度过青春期，防止孩子走上违法犯罪的道路呢？

1. 不要一味要求改变自己的"不良形象"

家长首先要了解孩子突然发生巨大的身心变化的原因，要明白孩子的这些变化其实都不是什么大问题，应该在这个基础上坦然接受孩子的变化，同时能转化角度，从孩子的立场看问题，并理解孩子的做法。而不是一味地要求孩子把染红的头发染回黑色，把破洞的牛仔裤扔掉等，如果你实在不想看到这些，可以选择忽视。

2. 找出孩子叛逆的原因

家长应该明白，每个青春期的孩子都是叛逆的，只不过产生叛逆的原因和表现不同。比如女儿开始注重穿着打扮，儿子开始追求时尚新潮，你可以把这种现象当成是"爱美之心人皆有之"，而不是大惊小怪。你可以告诉女儿："妈妈知道你很爱美，但是也要注意穿得厚些，避免感冒，感冒了会影响学习，因此会导致你跟不上老师的讲课进度，你自己也会不开心的。"你可以跟儿子说："妈妈知道你喜欢时尚新潮的发型，但是妈妈还是觉得你以前的发型更帅气，不信你可以问问叔叔，他不是你最崇拜的型男吗？"如果孩子总是凡事和你对着干，那么你就需要第三方介入，让更容易说服孩子的人来和他谈话，或者直接寻求心理医生的帮忙。对于比较激烈的叛逆心理，家长应该学会心平气和地开导，并请教心理专家，通过理解的心态逐步解决问题。

3. 避免从学习入题和孩子交流

和孩子交流的过程中，家长或老师经常会从学习入题，以成绩进行评判，殊不知这样只会增加孩子内心的压力，怀疑家长和老师只是为了学习才和自己妥协的。家长可以从家事的角度入手，等到孩子的情绪稳定之后再和他谈正事。

4. 及时预防叛逆

为了防止孩子出现逆反情绪，家长应该从小和孩子建立良好的亲子关系，积极和孩子沟通，以朋友的方式和孩子相处，把孩子当作独立个体尊重，这样孩子的心绪才能更平稳。

叛逆期，父母越专制孩子越反抗

很多父母表示疑惑，怎么自己的孩子越大越不想回家了？怎么曾经依偎在自己怀里的那个听话的小儿突然就和自己成了"仇人"？对待叛逆期的孩子，父母是该和他们"正面交锋"还是"沉默不语"？

有一位妈妈是一所小学的校长，她的儿子洪杰今年读初二。有一天这位妈妈和一位朋友交谈了起来，说自己和儿子已经有将近一个月没有说话了，一直"冷战"。说起来冷战的原因也很简单，她和她的丈夫都忙于工作，和孩子团聚的时间很少，往往对他平时的生活感到担忧。有时候这种担忧会反映在孩子日常的行为习惯上，有的时候是学习上。见面的时间短，而一见面就是批评居多。孩子正处在青春期，容易躁动，比较叛逆，所以每当这位妈妈说他的时候，他就会表现出反感，有的时候还会理直气壮地反驳，在那种紧张的剑拔弩张的气氛下，有时候家长刚一开口说话，他就会说："你别说了，我知道了。"如果家长继续说的话，孩子就会说："我就这样了，不用你管！"所以她常常感到痛苦。而且再加上她自己是一位校长，教育学生的时间很长，也很成功，但是唯独在教育自己孩子上很失败，所以一想到这里她就会更加沮丧。

在这位校长和自己的朋友诉说完之后，她的朋友告诉她，可能是她把教育学生的方法用在了自己儿子的身上，她的管教方法让孩子喘不过气来，觉得回家了还和在学校里一样，甚至还不如在学校里自由。那位朋友给她出了一个主意，就是给孩子一个拥抱，让她试试看，也许会有效。

这位校长在路上又想了很多和孩子之间的事情。回到家后，孩子给她打开了门，她什么也没有说直接将孩子搂在了怀里，和孩子说："你怎么就不明白妈妈的心呢?！"说完之后妈妈哭了，孩子鼻子一酸，也哭了。就这样，母子二人哭着抱在一起，把之前的所有怨恨、敌意和彼此的不理解都消解掉了。

每个人都需要自由，孩子也不例外，如果家长一味地让孩子别做这个、别做那个，什么事都帮孩子安排好，那么孩子就会觉得很压抑，想要反抗。随着孩子逐渐长大，进入青春期，自主意识越来越明显，对于这种压抑的成长环境就会表现出反抗的意识，亲子关系势必变得紧张。所以，家长教育青春期的孩子不能太专治。

每个孩子都希望可以得到父母的尊重，希望父母承认自己已经长大，可以给他们独自处理事情的权利、更多的自由空间。可家长们却似乎忘记了孩子已经长大的事实，而是仍然将他们当成未成年那样帮他们拿主意，让他们觉得自己被轻视，打击了他们的积极性，开始敌视长辈们。那么父母该怎么做才可以让叛逆期的孩子像朋友一样和自己友好相处呢?

1. 允许孩子的不同想法

如果孩子有和大人不同的想法，家长不能一味地压制，而是应该允许孩子的想法。家长应该考虑到孩子的理解能力，通过适当的事例阐述自己的观点，同时分析双方的意见。家长要尊重孩子的想法，这样孩子才能尊重家长的想法。

2. 小事让孩子自己拿主意

家长可以支持孩子小事自己拿主意，同时提醒孩子不能超过界限。比如，孩子可以自己决定几点睡觉，但是最晚不能超过晚上 10 点，能享有主动权会让孩子觉得非常开心。给孩子一些可以自由支配的时间，比如，晚上的空余时间，孩子可以选择到同学家做客，也可以选择睡觉或看书，家长不能干涉。

3. 父母保持适当的权威

很多家庭在教育孩子的时候告诉孩子要绝对服从自己的命令，这样培养出来的孩子不是在青春期有激烈的反抗就是终生听任父母的安排，没有自己的想法。如果孩子所争取的是自己的主动权，而并非对父母或其他人的管理权，那么孩子的行为就是正当的，父母应该把大人的权利保留在适当范围内，不要过分将其延伸到孩子身上。与此同时要让孩子尊重父母的权威，父母也要尊重孩子的全力发展，同时坚持对孩子有利的一些原则。

倾听孩子心声，才能打开孩子心扉

很多孩子都有这样的抱怨："每次我和爸爸妈妈意见不一致的时候，他们都会用事来压人，不给我说话的机会，有时候根本不是他们说的那回事。""爸爸经常一个人否定我所有想法"。的确，很多家长都存在这样的问题，不问缘由地对孩子乱发脾气。从严格意义上来说，这种做法严重违背了教育宗旨。

一天晚上，一位三十多岁的女士向公安局报警，声称自己的女儿被坏人胁迫偷走了家里的 2 万元。在派出所，14 岁的孟娇，也就是报案的那位女士的女儿一言不发。无论妈妈怎么责问女儿，苦口婆心地说自己赚那 2 万元多么不容易，女儿就是不为所动。后来一位 20 岁出头的公安局的警察主动和小姑娘"套近乎"，和她谈了几句当下热门的明星和流行的服饰，两个人就熟络起来，1 个小时之后就变得无话不谈了。

孟娇告诉那位警察，自己偷来的妈妈的那两万块钱除了买了一部两千块钱的手机，剩下的钱一分都没动。只是当天晚上她和朋友通电话的时候，妈妈因为她聊天的时间长大声训斥她，自己的那位朋友听到了很不开心，挂掉电话之后她就和妈妈起了争执，当晚谁也没理谁。第二天，她看到妈妈往衣柜里放了一沓钱，就趁着妈妈不在家把钱偷走了，自己买了一部新手机，办了新号，这样以后打电话就不会被妈妈监视了。

民警将孟娇的话告诉了她的妈妈，并嘱咐她妈妈好好和她沟通，妈妈针对这件事向女儿表示了歉意，告诉女儿以后一定会尊重她的朋友，再也不会那么做了。孟娇也觉得自己的行为有些过激，从自己卧室的床底下拿出了放钱的鞋盒子，一场母女之间的误会风波就此结束。

案例中的孟娇不是什么"坏孩子"，也并没有妈妈说的那样被人胁迫。只是因为妈妈没有尊重她的朋友而激发了她的"报复"心理，而妈妈后来直接武断地认为女儿被胁迫偷钱更加疏远了母女之间的距离。直到最后，有人愿意倾听她的心声，她才把这一切吐露出来，一场误会才得以解除。

　　父母是孩子的第一任老师，也是孩子成长过程中接触时间最长的朋友，在孩子成长的过程中，最需要父母的关心，也最愿意和父母交流，特别是对于进入青春期的孩子来说，这种交流更是非常必要的。这个阶段的孩子自我意识加强，渴望挣脱父母的束缚，如果缺乏父母的理解，亲子关系就会变得紧张，甚至不利于孩子的健康成长。父母不愿意倾听、理解孩子最终可能会丧失倾听的机会，到最后孩子什么都不愿意和父母说了。

　　那么家长究竟应该怎么做呢？

　　1. 在孩子情绪好的时候进行交流

　　每个人在高兴的时候都更容易接受别人的意见。当孩子处于兴奋状态的时候，家长和他交流最容易。这个时候家长能够利用他的情绪，来让他讲一下班级里发生的趣事，从而引起话题。如果不高兴的时候，家长也能够通过及时的关心来了解到底是什么事情使他不高兴。

　　2. 有一个固定的交流时间

　　可以选在吃饭的时候，或者睡觉以前。可能吃饭的时候讲话不算是一个好的习惯，但是有的孩子确实在吃饭的时候注意力比较集中，情绪也比较高涨，家长可以利用这个机会来多了解下他的学习状态以及学校中的生活。而在睡觉以前，和孩子短暂地聊会天，既是对一整天的一个小总结，也能够使孩子睡得更踏实和香甜，即使是在做梦，也会感觉到有爸爸妈妈陪着自己，心里有一种安全感。在孩子 3 ~ 4 岁的时候，他的秩序感会发展得很迅速，总在一个固定的时间做相同的事情，能够使孩子感觉到安全感。

　　3. 学会"身先士卒"

　　并不是每次家长和孩子谈话都能引起孩子的回应。有时候孩子会以"我今天很累，先不说了"为理由，来拒绝与家长的交流。这个时候，家长不妨尝试着自告奋勇一下，先拿自己"开刀"，讲讲自己今天一天都遇到了什么事情，读了什么书，见了几个朋友等。当家长讲完，孩子很有可能就会争着抢着和你说他今天遇到的事情，读过的书等。通过这样的方式，家长就会了解到孩子的生活学习的状态。

4. 父母要放下强烈的自我意识

父母要懂得亲近孩子、了解孩子，只有这样才能倾听到孩子的意见、想法。发现孩子的问题时，要用积极的态度帮助孩子解决问题。无论孩子表现得多么失控，父母都要控制好自己的情绪，冷静处理。如果父母发现自己的情绪也跟着失控起来，可以做做深呼吸，平静自己的心情，之后再心平气和地跟孩子说话。处理负面状态时，不宜谈谁对谁错，因为没有人愿意承认自己是错的，如果此时在谁对谁错上争论，只会进一步恶化双方的关系。可以用"对不起""我爱你"等词语去抚平激动的心，等到双方情绪稳定下来再继续谈事情。

如何避免孩子离家出走的极端行为

青春期孩子离家出走已经成为世界难题。每天都有父母由于孩子离家出走而担惊受怕，似乎每个处在青春期阶段的孩子都曾有个离家出走的念头，这就像一场永远都结束不了的噩梦。很多家长感到疑惑，我们这么爱孩子，孩子为什么还想离开家呢？

一天，爸爸下班回家，刚走到家门口，就听见屋子内传出吵闹的音乐声，原来是自己 13 岁的儿子郭成把班上的同学请到家里，正在开 party 呢。爸爸当时非常生气，进屋就将音乐关掉，把郭成的同学全赶走了。郭成当时非常生气，说爸爸不懂得尊重他，当天晚上连晚饭都没吃。

第二天早上，学校里打电话到家里，说郭成没有来上学，爸爸妈妈打电话问遍了亲朋好友，可是没有人知道郭成的去向。郭成一走就是 3 天。这期间父母急得吃不下、睡不着，也报了警，可是警方也没能找到郭成的下落。3 天后，郭成自己回家了，但是对于自己去哪儿了却闭口不谈。而且厉声警告父母："如果你们再不尊重我，我还会离家出走的！下一次，我会让你们永远都找不到！"

很多父母都觉得疑惑，十几岁的花季不该是无忧无虑的吗？为什么会这么极端。其实，孩子离家出走和父母有很大的关系。案例中郭成的离家出走就和爸爸不尊重他的同学有很大关系，孩子也很要面子，爸爸的激烈举动让他在同学们的面前失了面子，可能今后会有很多同学拿那天的事来嘲笑他，在父母眼中这些是小事，可是在孩子眼中这却是天大的事。

孩子步入青春期之后，会给自己订各种学习目标，一旦目标没有实现，他们就会感到失望。而这种压力往往来自父母，他们给孩子订了过高的目标，孩子考试达不到理想的成绩，他们就会对孩子施加压力，孩子觉得恐惧就会离家出走。

还有就是青春期的孩子通过不同渠道接受不同的信息之后，部分人由于经受不住诱惑而对读书没有了兴趣，反而热衷于读书以外的东西，比如早恋、网络游戏等，最终选择离家出走。对于家庭而言，每个离家出走的孩子对父母来说都是一场梦魇，他们很可能因为找不到孩子而精神失常，甚至离异。那么家长该如何避免类似的情况发生呢？

1. 沟通、倾听、帮助、理解和耐心

家长应该懂得和孩子沟通，倾听孩子内心的想法，理解孩子的行为，在疏解孩子的内心时要有耐心。家长应该提供更好的生活质量保护孩子，创建出充满爱和快乐的家庭氛围，良好的沟通可以让孩子感到安全。哪怕有一天他真的想离家出走，也会再三思量的。

父母做决定时，应该花时间去权衡怎么做才有利于孩子的发展。如果不希望孩子出现神经质、偏执等问题，应当给孩子爱和美好的情感，让孩子得到满足。如果你发现孩子可能会离家出走，要及时和孩子进行沟通，找到背后的原因，和孩子一起发现解决问题的积极方法。

2. 关注孩子的成长变化

父母要时刻关注孩子的心理变化与需求，很多孩子的出走都是让父母始料未及的。如果孩子犯了错，家长应该善于引导孩子，指出问题的严重性，并提出解决问题的方法，让孩子自觉改正错误。而不是直接对孩子大加指责，否则孩子就会由于逃避而选择离家出走。

3. 父母不要过多干涉孩子

家庭教育对孩子的影响是非常大的，孩子的第一任老师就是父母，很多孩子离家出走是由于缺乏和父母之间的沟通。父母应该通过沟通了解孩子的需求，尊重孩子的想法。对于孩子的学业也不该横加干涉。青春期的孩子已经能认识到学习的重要性了，父母整天唠叨只会增加他们的反感。

4. 让孩子经历一些挫折和磨难

父母可以尝试让孩子经历一些挫折和磨难，比如让孩子利用周末的时间做些小零工赚取零花钱，在这个过程中孩子可能经常会做错事，父母可以抓住这个机会告诉孩子如何避免类似的问题，同时鼓励孩子继续做下去，一直到孩子可以在自己的小岗位上得心应手。这样的事情有利于培养孩子的勇气、自信、责任感，让孩子健康成长。等到孩子拥有坚强的意志力之后，就不会再做出离家出走的冲动行为了。

5. 孩子回家后主动安慰

部分孩子离家出走后再回到家里会遭受父母的毒打、控制，这些做法都是不利于孩子的身心健康发展的。孩子离家出走回家后，父母应该好好和孩子沟通，安慰在外受苦的孩子，让孩子感觉到家庭的温馨，这样亲子之间的矛盾也就更容易被化解开。之后逐渐给孩子灌输人生道理，让孩子走出阴影，体会到家才是最好的港湾。

掌握前因后果，有效归正孩子浮躁心理

有的家长很不理解，自己的孩子为什么这么不定性，今天喜欢这个，明天喜欢那个，总是一副心绪不宁、见异思迁的模样。

杨茜是个"胸怀大志"的孩子，一开始爸爸妈妈还因为她怀有的

"抱负"而感到满足，但是渐渐地，问题就出现了，他们发现孩子的"抱负"不过是说说，并没有什么实际的意义。比如，杨茜看到歌星挣大钱，拥有光鲜亮丽的外表、住着豪华的房子，于是就有了当歌星的想法，一开始还认认真真地去妈妈给自己报的培训班上课，没几天就没了兴趣，嫌苦嫌累，而觉得比自己更努力的人都不能当歌星，哪就轮到自己呢。后来杨茜又在杂志上看到了企业家、经纪人的神气，于是又想当企业家、经纪人，可是又不愿为了实现自己的理想努力学习，最终选择了放弃。后来，杨茜的同班同学钢琴比赛拿了一等奖，学校派她去市里比赛，又得了大奖，被保送重点高中。杨茜不禁和妈妈抱怨："如果一开始你们让我学习钢琴，没准我也可以保送呢！"妈妈无奈地摇了摇头，杨茜的兴趣爱好转换得太快，做什么事都没有常性，今天学绘画，明天学电脑，后天又开始天马行空，三天打鱼两天晒网，热度说升就升，说降就降，到最后一事无成。

孩子心理浮躁怎么办？这是很多家长发现的自己孩子身上的问题。什么事情时间一长就坚持不住了。青春期是个半熟的年纪，处在这个阶段的孩子内心之中一片茫然，让他们无法宁静下来，变得浮躁。他们很容易出现焦躁的情绪，因为他们更渴望短时间内成功；他们经常盲目冒险，缺乏思考，甚至容易做出违法犯罪的事。浮躁是孩子成长道路上的大敌，那么家长该如何引导孩子走出浮躁呢？

1. 引导孩子立志要专一

中国有句俗话："无志者常立志，有志者立长志。"父母应当告诉孩子，立志不在于多，而在于"恒"，防止孩子"常立志而事未成"的不好结果的产生。就像赫伯特所说："人不论志气大小，只要尽力而为，矢志不渝，就一定能如愿以偿。"

2. 重视孩子的行为习惯

家长应该要求孩子做事之前先思考，后行动。比如出门旅行，应当先决定目的地和路线；上台演讲之前要先准备讲稿。父母要引导孩子做事以前经常问自己："为什么做？做这个干吗？希望得到什么样的结果？最好怎么做？"等，同时做出具体回答，写到纸上，让目的更加明确，言行、手段具体化。

3. 要求孩子做事有始有终

家长应该引导孩子做事不焦躁、不虚浮、踏实，做事的时候一次做不成就一点点分开做，积少成多，最终达到理想目标。

4. 有针对性地"磨炼"

父母可以采取适当的方法有针对性地"磨炼"孩子的浮躁心理。如指导孩子练习书法、绘画、围棋等，有助于培养孩子的耐心与韧性。还可以教孩子学会调控自己的浮躁情绪。比如，做事时孩子可通过语言进行自我暗示，"别要急，越着急就越容易出错"，"不要这山看着那山高，踏踏实实才能把一件事做成功"，"坚持就是胜利"。只要孩子坚持不断地做这些心理练习，浮躁的毛病就会逐渐改掉。

5. 通过榜样教育孩子

身教重于言教。父母应当从自己做起，调适自己的心理，改掉身上的浮躁气息，给孩子树立勤奋努力、脚踏实地工作的好形象，通过自己的言行影响孩子。鼓励孩子通过一些榜样，如科学家、发明家、钢琴家、相声表演艺术家等生动、形象的优良品质检讨自己，督促自己改掉浮躁的毛病，形成坚忍不拔的好品质。

不打骂不放任，不给孩子学坏的机会

很多父母想不通，我的孩子小的时候很乖巧，文文静静的，怎么到了青春期就一百八十度大转弯？染着各色的头发、打架斗殴、赌博，甚至发生不正当的关系……让父母操碎了心。

王冬梅是家里的独生女，从小娇生惯养。冬梅 16 岁那年，二胎政策开放，爸爸妈妈决定给冬梅生个弟弟。妈妈怀孕之后脾气不怎么好，经常腰酸背痛，没有精力继续照顾冬梅的饮食起居，于是开始和爸爸商量让冬梅住校，每周回家一次。

半年之后，妈妈的肚子越来越大，行动有些不方便，每次指示冬梅做什么她都会很不耐烦地帮妈妈做，经常在家里和妈妈发生口角。爸爸妈妈都发现了冬梅的异常，但是考虑到她正处于叛逆期也就不和她一般计较。可是慢慢地，妈妈发现冬梅越来越爱打扮，每周回家都会和妈妈要钱买衣服。而且似乎肚子越来越大，经常恶心，仔细一想，和孕初期反应很相似，于是便偷偷地将冬梅叫进房间询问。

原来，爸爸妈妈为了要二胎让冬梅住校的行为在冬梅看来是在驱赶自己，家里容不下自己。对于父爱母爱的缺失让她很没有安全感，刚好班上的一名男生的情况和自己相似，两个人越走越近，很快就确定了恋爱关系，而且发生了性关系。爸爸妈妈对自己之前的行为感到后悔，流着泪将女儿拥入怀中，但是错已铸成。

其实，每个孩子都希望自己成为同龄人中的佼佼者，成为爸妈、老师的骄傲，但现实却并非如此，不是每个孩子都可以变得很优秀。一旦他们不是那么优秀，或者感到自己被人忽视了，就会沉沦堕落；也有的孩子原本成绩优秀，但其实每次优秀成绩对于他们而言都如同心灵的煎熬。正由于他们备受瞩目，所以他们才更累，他们想放纵的想法就在内心之中蠢蠢欲动，他们会不由得羡慕那些不用考试、不用面对老师与家长严肃面孔的同学，过不了多久，他们就会尝试着抛开一切，放纵自己。

学校里有很多孩子非常羡慕那些故意和老师作对、欺负低年级的孩子的同学，在他们看来，只有这样做才可以得到周围人的尊重和认可，他们也会效仿这种行为。如果父母不对孩子的行为进行引导和控制，就会对孩子未来的成长造成恶劣影响。

处在青春期阶段的孩子，精力充沛，思维敏捷，记忆力强，情感丰富，但是这个时期是孩子身心健康趋于定型的阶段，是走向成年的过渡阶段，也是性意识萌发、发展的时期，他们的心理与生理发育常常不同步，有半成熟、半幼稚、叛逆等特点。所以，父母应当注重孩子的这个心理素质发展的关键阶段，不能直接批评孩子的不良行为，引起孩子的叛逆情绪，也不可以任其发展，导致他们误入歧途。那么父母该怎么做才能避免青春期的孩子学坏呢？

1. 孩子做了坏事，千万不能打骂

孩子做些"坏事"不代表孩子就是"坏孩子"，家长千万不能给孩子贴上"坏孩子"的标签，但也不能放任不管。家长在确信孩子做了"坏事"后，首先要帮孩子把事情的影响化降至最低。有的家长觉得只有"打"才可以改正孩子做坏事的行为，其实错了，打得越厉害，就越会疏远父母和孩子之间的感情，孩子就会更加孤独，在家庭之中感觉不到温暖，孩子甚至不敢回家，在外流浪，和社会上的不良分子交往，很容易被其利用，最终步入歧途，甚至触犯到法律。

2. 细心观察，防患于未然

日常生活中，家长要随时观察孩子的思想动向，若孩子的零花钱突然增多，孩子的脸上就会突然出现瘀伤，家长要引起重视，这很可能意味着孩子可能在外面打架或偷东西了。家长要仔细排查可能出现的情况，无论通过什么方法，都要让孩子自己露出破绽，承认错误，但是不可以伤害到孩子的自尊心，如果事态的发展允许对孩子的错误行为保密，家长要履行诺言。否则一旦失去教育孩子的机会，孩子就会再也不会相信你。

3. 让孩子明白是非对错

虽然青春期的孩子已经有了是非观念，但仍然很容易受到影响甚至被改变，父母应当经常培养孩子的是非观念，让孩子明白家长是不允许孩子的这种行为的。对此类孩子进行矫正，家长应当首先帮孩子形成正确的是非观。想做到这一点，一定要从现有的实际水平出发，逐渐提高，经过反复教育即可培养孩子的是非观。

第十章

端正教养心态，别给孩子
制造心理雷区

"笨孩子"都是父母给说出来的

很多家长在孩子做错事之后都会给孩子贴上"笨"的标签，比如考试不及格、钢琴比赛落后、诗词朗诵没能进决赛等。你可知道，正是因为你给孩子贴了这样的标签，才导致孩子把自己变得越来越"笨"。

唐艳红是个非常爱玩的孩子，只要假期一到，唐艳红就会和其他小朋友"疯玩"。记得有一次期末考试，唐艳红的数学只考了 56 分，妈妈本来非常生气，也明白是唐艳红平时贪玩导致的成绩下降。唐艳红低着头不说话，心想："最多就是被妈妈骂一顿，没什么大不了的，又不是没挨过骂。"

妈妈长舒一口气，把唐艳红的试卷摆在桌面，母女俩研究起试题来，不到一上午的时间就将试卷改好了，妈妈对唐艳红说："好了，这一次你得了满分。"说完，到厨房为唐艳红准备饭菜。

唐艳红非常不好意思，她明白，如果自己可以稍微刻苦一些，腾出一点儿业余时间练习数学习题，结果一定不是这样的。这个暑假，操场上、电视机旁少了唐艳红的身影，每天她都会给自己规定一定的时间做习题，想出去玩的时候就拿出那张未及格的数学试卷提醒自己。

的确，很多时候对孩子来说"大道理"似乎和"耳边风"一样，没有什么实际意义，只是父母找个借口训斥自己罢了，孩子听不进去，家长就会更气愤，而家长喋喋不休的训斥势必会加深孩子的逆反心理。与其如此，不如自己心平气和地去面对孩子所犯的错误，让孩子也有个反省的机会，在无声之中接受家长的训斥。

当孩子考试成绩不理想时，妈妈不要训斥孩子"没用""怎么这么笨啊"等，这不仅会伤害到孩子的自尊心、自信心，还会让孩子以为"父母只爱分数不爱我"，反而更加不努力学习。父母可以心平气和地面对孩子的分数，和孩子一起思考做错题的原因，同时鼓励孩子继续努力。

1. 重视孩子的点滴进步

孩子是很在意父母的态度的，如果孩子进步了，父母一定要赞扬孩子，而不是用老眼光看待孩子。孩子犯了错，父母一定不能当着外人的面训斥孩子，那样会让孩子觉得很没面子，自尊心受到严重的伤害。很多父母都看不到孩子的进步，只是一味地要求孩子登上最高点，他们总是放大孩子的缺点，并当着别人的面讽刺孩子，让孩子抬不起头来。明智的父母会看到孩子的点滴进步，夸奖孩子的每一点进步，让孩子感受到父母对自己的爱和关注。每个父母在教育孩子的时候都会努力让孩子明白，不管孩子的成绩好坏，只要努力了就是好孩子。孩子对自己的进步是非常敏感的，他们希望得到父母的认同，如果父母总是刻板地对待孩子，时间久了，孩子就不愿意再和父母敞开心扉了。如果父母可以及时发现孩子的进步并进行表扬，孩子就会更加愿意和父母进行沟通，将父母当成自己最好的朋友。

2. 全面看待孩子

很多时候，对孩子产生刻板印象是由于父母只看到孩子的某个或某些方面，从来没有全方位了解过孩子。孩子可能学习成绩不好，但是孩子的人缘却很好，别人都愿意和他交朋友，你因此而夸赞过孩子吗？孩子可能英语成绩比较差，但是他的数学、物理方面的思维却很惊人，你曾夸赞过他是理科高手，并和孩子一起分析偏科的原因吗？

3. 客观分析孩子所做的事

不管孩子做什么事，都要从事情的本身去评价，这样才可以避免由于刻板而误解孩子。家长要懂得分析孩子所做的事，这样才能避免和孩子产生误会。

离异——孩子内心永远无法抹去的伤

很多父母离异之后在围绕孩子的话题上都会有很多担心：孩子今后跟谁生活？孩子还会不会和我近亲？孩子的心灵会不会受到影响……

高颖已经读小学六年级，性格内向，自卑心强，平时经常和同学们闹矛盾，攻击性非常强。哪怕是自己有错，也会一直狡辩，从来不让人。班上的同学都不愿理她，也不和她一起玩。所以她的朋友很少，课上很少参加小组讨论，下课了也是独自躲在角落里发呆。反应迟钝，成绩一直上不去。

高颖的父母常年在外做生意，在家的时间少。高颖儿时在保姆的照顾下长大，3岁之后父母就将她送到了托儿所，由于父母和她缺乏沟通，对她的关爱也很少，她每天放学回家后便独自待在家中，或者和几个极熟的小伙伴在家门口玩一会儿，导致她的性格内向，独自活在自己的世界里。不过这只是外界环境对她的影响，而且高颖的父母也是性格内向的人，平时不怎么和她交流，导致她的性格越来越差。学习成绩也不怎么理想，总是落在其他同学后边。和同学们之间的矛盾多了，导致她的自信心下降，进而产生自卑的心理。

周末的时候，高颖看到其他孩子在周末时有爸妈带着去公园、动物园，自己却独自待在空荡荡的家里，进而让她产生孤独感、自卑感。

对于任何处在成长期的孩子来说，都希望自己可以拥有一个完整而和谐的家庭，爸爸妈妈相亲相爱，家庭温馨，在这种环境下成长起来的孩子内心更加健全，也会充满爱。一旦父母的关系破裂，选择离婚，对于心智尚未成熟的孩子来说是个不小的打击，但父母也有追求幸福的权利，真的要为了孩子而选择名存实亡的婚姻吗？如果觉得婚姻还有挽救的地步，当然应该为了孩子努力挽回婚姻，可是如果已经到了非离不可的地步，父母也应该考虑到孩子的感受，尽量将离婚对孩子的伤害降到最低。

1. 让孩子明白，即使离婚，父母仍然深爱着他

父母离婚的时候经常会对孩子说："爸爸妈妈只是分开住而已，还会和以前一样爱你的。"话虽如此，但却经常因为种种原因而对孩子的

照顾和以往大不相同，让孩子产生失落感，对孩子造成心理影响。父母离婚，不管是出于什么原因，孩子终究是无辜的，尽量避免在孩子面前抱怨或攻击对方。家长应该在孩子的面前表现得更加宽容。父母之间矛盾重重，只会让孩子感到矛盾，不知道该倾向于谁，甚至会出现情感和行为分裂，最终诱发心理疾病。

2. 父母应该协商孩子的教育问题

离婚后，父母给孩子的生活最起码要保持原状，让孩子不会由于父母的分开而导致生活水平一落千丈，父母应该共同协商孩子的教育问题。

经济方面：孩子要接受教育和培养，必须有物质方面的付出，对于这个问题，父母有不可推卸的责任，不能因为内心亏欠孩子而溺爱他，否则只会影响孩子的健康成长。

教育方面：孩子成长过程中的诸多事宜，比如，什么时候读幼儿园，小学去哪读，初中去哪读，成绩不好需不需要上补习班，大学毕业后的就业问题以及继续深造问题等，都需要父母共同协商决定。

3. 父母应该经常参加孩子的学校活动

孩子在学校中经常会有需要父母参加的公共活动，比如家长会、运动会，虽然有时候家长会觉得这些事无关紧要，但是殊不知这些事对孩子而言至关重要，他们希望这些时刻父母都能在场。孩子过生日的时候，父母应该和孩子一起庆生，让孩子明白父母虽然离异了，可他们还都是很爱自己的。

4. 了解孩子的精神需求

父母抚养孩子并不仅仅是为了给孩子好吃好喝，还应当给予孩子精神层面的需求，抽时间陪陪孩子，哪怕只是陪着他们做游戏。

5.离异父母应该充实自己的生活

离异之后，即使不打算再婚，也最好找个伴侣，这样精神层面才不至于空虚，才不会把所有精力都放到孩子的身上，给孩子造成巨大的心理负担。有的父母误以为自己不找另一半就是对孩子最好的尊重。然而事实并非如此。要知道，父母的内心如果没有正常的感情，生活得不快乐，孩子同样很难拥有快乐的童年。

允许孩子犯错，而不是将错误扩大化

你的孩子犯过错吗？失败过吗？当然，每个人都不是十全十美的，经常会做这样或那样的错事，经历这样或那样的失败，孩子也是如此，但是在孩子犯错或失败的时候，父母第一时间给予孩子的不该是责难，而是安慰和鼓励，否则会让孩子觉得自己一无是处。

一天早上，9岁的陈晓龙洗漱时不小心把牙膏挤到卫生间的洗手池上。爸爸看到了立刻生气地一把抢过牙膏，大声呵斥晓龙："屁大点儿事都干不好，挤个牙膏还能可以挤到洗手池上，我看你长大了也好不到哪去！"

经过爸爸的一番"训斥"，晓龙脸上之前的笑容瞬间消失，无精打采地背上书包，早饭都没吃就去上学了。儿子走后，妈妈边擦洗手台上的牙膏边对老公说："你和儿子发的火是不是有点儿大了？他不就是挤牙膏的时候有些不小心吗？你怎么能断定他'干啥都不行'，长大后就成为'笨蛋'？这样夸大其词，你虽然消气了，但是你有没有想过孩子心里的感受呢？"

老公听了老婆的分析之后，觉得有道理，自己的孩子才刚刚 8 岁，每天都是自己洗衣服、叠被子、整理房间，有时候还帮助爸爸妈妈做家务，不过是挤坏了牙膏自己就扩大到了孩子的人格和未来上了。

中午，晓龙放学回家吃午饭。饭桌上，爸爸不好意思地向晓龙道了歉，告诉晓龙：他早上挤冒牙膏的事不过是生活中小过失，其实算不了什么大事，以后多注意就可以了，其实他还是很优秀的！

经过一番夸奖，晓龙那张"蔫"了的脸上终于有了精神，赶忙问道："爸爸，你说的是真的吗？""当然，爸爸收回早上说的话，那只不过是爸爸气头上的话，是不符合实际的。"见爸爸一本正经地跟自己解释，晓龙的小脸笑成了一朵花……

案例中晓龙的妈妈是个聪明的家长，她发现老公放大了孩子做错的一件小事之后立刻想办法补救，到最后晓龙不仅恢复了往日的自信，而且也从这次教训中明白哪怕是小事也要小心地去做。

生活中有很多家长看到孩子犯错了第一时间想到就是指责、批评，发起火来完全不顾场合和孩子内心的感受，有的家长甚至当着外人的面对孩子大打出手，哪怕孩子只是犯了一点儿小错，都会翻旧账，还以为自己这样做可以对孩子起到深刻的教育作用，殊不知这严重伤害到了孩子的自尊心，自己越是过火就会越遭到孩子的反抗，让孩子产生逆反情绪，甚至对抗父母的教育。那么父母该如何让孩子从失败中走出来呢？

1. 帮助孩子分析做错事、失败的原因

孩子做错事是不可避免的，家长不用大惊小怪，相比即使是你自己都很难做到万无一失，更何况孩子的年龄还小，经验不足，辨别能力较差，缺乏自制能力。他们犯了错，经历失败都是在所难免的，父母应当帮助孩子分析做错事、失败的原因，帮助孩子争取更大的进步。

2. 适当表扬，让孩子重获自信

孩子做错事或失败之后，在他以为自己要走投无路的时候，父母应该帮助孩子点燃内心的希望，鼓励孩子坚信挫折不过是暂时的，只要自己肯努力，下次一定可以避免犯同样的错误或者有更成功的体验。等到孩子有了成功的体验之后，再面对困难就能处理得更好。

3. 给予尝试

很多时候，孩子会拒绝曾经自己做错了或做失败了的事情，如果父母帮孩子确定"试一试"的目标，而不是一味地要求孩子"成功"，那么孩子做起事来就会更得心应手一些。如果他们被剥夺了尝试的机会，就相当于被剥夺了犯错误和改正错误的机会，就会离成功越来越远。父母的聪明之处就在于，哪怕是一次失败的努力，也要让孩子看到其中的收获。因此，在孩子拒绝尝试的时候，父母要及时鼓励孩子去尝试，哪怕只是一次失败的尝试，如果孩子在尝试的时候成功了，就会有很大的成就感，从中获得面对困难的勇气。如果失败了，父母可以帮助孩子重新面对，让孩子懂得面对困难不是一味地退缩，而是一直勇往直前。

4. 借助孩子的优势激励他

在某个领域获得充分的自信能帮助孩子更好地面对来自其他方面的挫折，孩子面临挫折的时候很可能会忽视自身优势，父母应该在这个时候提醒孩子，借助优势激励孩子改变弱势的信心，促进孩子的身心发展得更完善。

不要总在外人面前讲孩子的是非对错

成年人都知道要面子，却忽视了孩子其实也很爱面子，虽然他们在父母的眼中仍然是需要接受教育的不懂事的孩子，但是教育他们仍然需要考虑到他们的感受，在公开场合，特别是孩子的朋友面前，父母不能用激烈的情绪和语言去批评孩子。

在一次家长会上，林芝的妈妈开完家长会后，拉着她挤到老师面前。她一个劲儿数落林芝，说她不爱学习、经常看电视、不爱帮家长干家务等，总是，一大堆的缺点。林芝站在一旁，始终不敢抬起头来，她担心一抬头就会看到自己的同学们投来的嘲笑的眼神。老师看到林芝已经羞得满脸通红，刚想说她有很多优点时，林芝的妈妈就谦虚起来，说："哪有，我的孩子身上小毛病太多了！"

同样是这场家长会，周志林的妈妈却把儿子拉到了一边，和他子语重心长地说："刚刚老师跟我夸赞了你是个聪明的孩子。"志林不好意思地挠了挠头，原本还以为妈妈是要责备他这次考试的成绩不理想呢，接着，妈妈又说道："但是，他也批评了你是个马虎的孩子。老师肯定给你们讲过'千里之堤溃于蚁穴'的故事，那么坚固的堤坝都可能因为蚂蚁这样的小细节而毁于一旦，何况是人呢？妈妈知道你很聪明，但是如果总因为马虎而失分就得不偿失了，你说呢？"志林重重地点了点头，暗暗下定决心要改掉这个坏毛病。

将孩子放在什么位置，决定着父母教育的方法和方向。很多父母觉得孩子是自己，自己想怎样就怎，况且孩子终究是孩子，在外人面前贬低孩子不是在激励他，殊不知正是自己的无心举动深深伤害了孩子的自尊。

每个孩子都渴望得到表扬，尤其是生性敏感的孩子，他们的自尊心会更强。作为家长，应该时刻注意保护好孩子的自尊心，避免当众数落孩子的缺点和过错，这一点，案例中的周志林的妈妈就做得很好，她通过说理的方式教育孩子改掉身上的坏毛病，对孩子的教育更成功。

孩子的错误如果被父母当众讲出来，甚至被揭开心灵上的"伤疤"，那么他的自尊、自爱的心理防线就会被攻破，甚至走向不利于自身健康成长的道路。孩子做错事了，家长肯定是要批评，但是批评要讲究方式方法，否则适得其反。

1. 不要去揭孩子的旧伤疤

很多家长只知道自己有自尊、要面子，却忽略了孩子的自尊心，当众讲述孩子过去犯的错或孩子的囧事，你知道你的每一句话对此刻在身边听着的孩子而言有多刺耳吗？

吕涛和吕波是双胞胎兄弟，但是两个孩子无论是性格还是学习情况都有很大的差异。一天，刚放学来家，吕波就跑到妈妈跟前，急着跟妈妈说："妈妈，我跟你说一件事。""哦，什么事？"妈妈疑惑地问道。吕波说："妈妈，你知道哥哥这次数学考了多少分吗？他考了14分。他一定不敢告诉你。你可千万别和他说是我告诉你的啊。"

　　听到这话，妈妈心一沉，14分？这是怎么考的啊？又转头问吕波："那你考了多少分？""我考了91分，全班第三名。比上次前进了2名呢。"吕波骄傲地说。妈妈的气也是不打一处来，心想：都是自己的孩子，怎么差距这么大啊，一定是他平时不好好学习，回来得好好教训他一顿。

　　十几分钟后，吕涛也背着书包回来了。一进门，妈妈就迫不及待地问："涛涛，你最近考试了吗？""没考。"吕涛低着头，不敢看妈妈。"弟弟怎么说考试了呢？赶紧把试卷拿出来让妈妈看看。"妈妈催促道。

　　吕涛把手伸到书包里翻了半天，可还是没有翻出试卷，最后眼圈竟然红了，眼睛噙满了泪水，非常窘迫地站在原地。那一刻，妈妈的心也软了，考这样的成绩，同学老师肯定嘲笑他了，就连弟弟都回家给他告状，言语之中满是嘲讽，他哭了就说明知道错了，自己又何必再揭他一次伤疤，让他难受一次？如果这个时候逼儿子把试卷拿出来，之后再教训他一顿，只能会增加他的痛苦，让他更加厌倦学习。

　　于是，妈妈把吕涛拉到跟前，语重心长地说："这次考了多少分妈妈就不问了，下次一定要让妈妈看试卷，好不好。妈妈知道，你非常聪明，只要努力，学习成绩肯定上得去。"此刻吕涛再也忍不住，扑在妈妈怀里哭了起来。从那天起，不管弟弟出不出去玩，他都会在家里认真地研究数学题。一个月后的月考，吕涛的数学成绩考了 70 分，整个人也变得自信起来。

　　家长总会在平时忽略掉孩子的自尊心，其实无论在什么情况下，都不应该当着很多人让孩子出丑，尤其是不能在别人的面前揭孩子的旧伤疤。一位儿童教育专家曾经说过，家长如果不对孩子的过错大加宣扬，那么孩子就会对自己的名誉看得很重，在他们的心里，会觉得自己是一个有名誉的人，所以就会十分小心地去维持别人对自己的评价。而如果是家长当着众人的面来教训数落孩子的话，就会使孩子感觉到羞愧与失望，甚至会感觉到无地自容。这个时候他们会觉得自己的名誉受到了打击，所以也就不会再想方设法地去维持别人对自己的好评了。

　　有时候家长总是会有意无意地说起孩子以前的一些不恰当的行为，也可能是某一件糗事，说孩子当初做某件事情的时候有多么多么幼稚，而某件事情又是多么多么无知，还可能会不止一遍地提起当初他做过的一件令家长感到不放心或者是后怕的行为。家长的这种做法有时候可能是为了提醒孩子，希望他能够引起注意；而有时候则是为了能够在与孩子争论的时候为自己增添一些气势，以此来压制住孩子。不过无论是出于什么样的目的，家长都不应该去揭孩子的旧伤疤。那么揭旧伤疤对孩子都有哪些危害呢？

　　2. 揭旧伤疤会伤害到孩子的自尊心

　　每个人都有自尊心，有的自尊心强一些，有的自尊心弱一些，不过不管是强还是弱，没有一个人希望自己会受到伤害，特别是被自己最亲近的人伤害，那种痛感留在心里是很难抹平的。我们和最亲近的人相处的时间最久，彼此了解得最深，都觉得最亲近的人是爱自己的，从来不会相信他会伤害到自己。因为心理上没有防备，所以当这种伤害发生的时候，心里的感觉就会十分痛。在家里揭孩子的伤疤是一回事，而在外面当着别人的面揭孩子的伤疤又是一回事。和前一种相比，后一种带给孩子的伤痛更大，有时候甚至会使他对家长产生恨意。可能家长会说自己这明明是一番好意，想要时刻提醒孩子过去的错误，让他不要再犯类似的错误。可是结果却往往相反，不仅达不到家长的预期效果，还会伤害孩子的自尊心，使亲子关系变得紧张困难起来。

3. 会打击到孩子的自信心

这个世界上并没有完美的人，而所谓的完美只是人们的一个美好的愿望，人们可以通过努力去向着完美奋斗、争取，却永远也不会达到。我们每个人过去都有过不适当的一些行为，而且将来也会时不时地发生一些。这些错误无论大与小，都会陪伴着我们的日常生活，没有一个人可以一生都不犯错误。孩子的年龄小，社会阅历不够，心智上也还没有完全成熟，所以偶尔犯一些错误也很正常。随着他年龄的增长，他自己也会意识到过去有哪些行为不恰当，做得不够好，孩子是有自省能力的。可是如果家长总这样有意无意地对他过去的不当行为拿出来"翻旧账"，想以此来提醒孩子的话，就会严重打击到孩子的自信心。结果只能是让孩子觉得自己不够好，一点儿也不优秀，总是犯错误，不能够让家长满意。时间久了，孩子对自己的认识就会受这些家长时常提起的"伤疤"的干扰，觉得自己能力太差，这样的话以后再遇到事情的时候就会没有信心去完成。

4. 不利于孩子的身心健康与发展成长

在孩子的成长过程中，对他起到最关键作用的莫过于家长，家长的认可与鼓励是激励孩子向上的一个最重要的力量。如果家长很少鼓励和肯定孩子，而是用这种"提醒"的方式的话，只会伤害到他的自尊，打击他的自信心。如此一来，孩子在成长过程中从家长那里获得的支持与力量就会变得很少，自己原来拥有的那种激情与热血也都会因为抗击家长的这种伤害而消磨殆尽。久而久之，孩子与家长之间的这种关系就会变得敏感而僵化，影响到他的成长。

孩子自负，要降温而不要打击

当孩子表现得太过骄傲自负时，家长们就要发挥"制冷"作用，给孩子泼点冷水降降"温"，但这并不等于粗暴地打击孩子，否则就是从一个极端走向了另一个极端。

睿睿的爸爸是一个心理学教授，从他 2 岁时起，就一直表现出超常的才华，他比同龄的孩子更聪明。

然而，这个孩子的不幸正是由他的聪明引起的。小孩子总是很容易骄傲的，睿睿也不例外。当他做对了数学题或是读了本好书后，总是想找人分享自己的快乐。然而正是这一点，引起了爸爸的不满。因为睿睿爸爸性格内向，不爱在别人面前表现自己。正如他自己所说，一个人应该谦虚稳重，不要总是那么自以为是、自满自负。

"睿睿，你又在嚷嚷什么？"一天爸爸对着正在高声欢笑的睿睿问道。

"爸爸，我又读完了一本好书。"睿睿高兴地对爸爸说。

"读完一本书是很平常的事，你用不着那么高兴。"爸爸说道。

"可是，这本书是莎士比亚的作品呀！我居然能把这么难懂的书读完，真是感到兴奋。"睿睿说道，似乎正在等待着爸爸对他的表扬。

或许是由于睿睿的性格与他不同，或许是他认为应该纠正儿子的骄傲情绪，爸爸突然发怒："你吵吵嚷嚷的干什么？你以为只有你才有这个本事吗？我看你就是个骄傲自大的孩子。告诉你，我永远不会表扬你这样的坏孩子。"

"爸爸，我做错了什么？"受到了责骂的睿睿委屈地说道。

"你做错了什么还需要问我吗？我警告你，不要成天叽叽喳喳的，这让人烦透了。"爸爸继续训斥儿子，"你不要以为自己是个了不起的天才。我告诉你，你什么都不是。我以后再也不想听到你那种赞扬自己的声音了。你是个笨蛋，你是在自欺欺人。"

爸爸说完，"砰"地一声关上了房门。

站在门外的睿睿委屈地哭了起来，他不明白父亲为什么这样对待他。一种极坏的感觉涌上了心头，他的快乐和自信被另外一种东西所取代：我是个很糟糕的孩子。

从那以后，睿睿不愿意再去读书了，他完全变成了另外一个人，这个原本极有才华的孩子最终一事无成。

看完了这个故事，我们不禁为睿睿的不幸感到难过，他或许是一个有点骄傲的小孩子，但他那精通心理学的父亲，就没有比粗暴打击孩子自尊心更好的办法来教育孩子了吗？

在一次教育研讨会上，一位家长说："打击孩子也并非是一件坏事，对于那些自负的孩子，我们就得狠狠打击他们一下，让他们收敛，否则，孩子怎么能成才呢？"

真的是这样吗？我们不妨来看看下面这个例子。

莎莎是个聪明伶俐、讨人喜爱的女孩。她的爸爸是一家大公司的经理，妈妈是一名出色的律师。莎莎从小就生活在这样一个条件优越的环境里。在家里，她是爸爸妈妈的掌上明珠，要什么有什么；在学校里，她成绩优秀，是老师心目中的"尖子生"。良好的家庭环境，父母的疼爱，老师的赞誉，再加上自己的天赋，使莎莎产生了一种飘飘然的感觉，而且这种感觉一天比一天强烈——"我就是比别人优秀"，莎莎总是这样想。渐渐地，莎莎变了，在家里，她只要稍稍不顺心就对爸爸妈妈发脾气；在学校里，莎莎更爱表现和炫耀自己，取得好成绩就自鸣得意、沾沾自喜，甚至不把老师的话放在心上；在生活中，她总是拿自己的长处同别人的短处相比，认为自己高人一等，看不起别人。这样过了一段时间后，老师对莎莎的自负开始感到担心，于是她把这种情况反映给莎莎的父母，并希望家长配合学校的工作，及早纠正莎莎的不良心态。莎莎爸爸是个对各方面要求都很高的人，他认为必须给莎莎一个深刻教训，让她克服自负。终于有一次，爸爸逮到了机会：那次莎莎没考好，数学才得了六十七分。爸爸看着羞愧的莎莎，轻蔑地把试卷撕得粉碎，"这也叫分数吗？你不是认为自己比别人都优秀吗？怎么就得这点分！告诉你，你实在没什么了不起的，考得好点尾巴就翘起来了，丢人不丢人啊！你等着同学看你笑话吧！叫你骄傲！"这劈头盖脸的责骂让莎莎简直崩溃了，她不知道慈爱的爸爸为什么要骂她，只是听懂了两个字：骄傲。从那以后，莎莎再也不在同学、老师面前得意了，事实上她完全变成了一个自卑胆小的孩子。

这就是无情打击造成的恶果，对于莎莎的骄傲自负，爸爸本来可以用更温和一些的方式来改正它，这样也不至于给孩子带来心理伤害。

一个智力还没有充分发展的孩子，阅历还很浅薄，没有独立的思考能力，往往要靠大人的评断来认识自己。父母生气之下脱口而出的一句话，常常是很偏激的，而且心情平静下来以后早把气话的内容忘记了。

但是孩子却听得很认真，记得刻骨铭心。他忽然之间发现自己在他人眼中是那样的不堪，心中突然十分惊异和沮丧，稚嫩的心灵难以承受那致命的打击，从此便极有可能以心灰意冷的态度来选择悲观的生活道路。本来完全可能有锦绣前程的人在少年时代就凋谢了，这份打击真是太残酷了。不少孩子后来成绩不好，工作生活能力差，精神委靡不振，该成才而未成才，大都跟他们的童心曾经遭受过的深刻打击有关。

不可否认，在生活中，父母蔑视孩子的事例数不胜数，虽然父母们做这些事的时候并没有意识到。父母要注意了，我们所说的泼冷水，决不等于对孩子的心灵施压，这两种方法在本质上是有很大差别的，我们千万不要走向极端。

希望父母能认识到，放纵孩子的自负不是一个明智的做法，但粗暴地打击孩子也决不可取。在孩子表现出骄傲自负的心理时，父母一定要把握好泼冷水的"度"，否则过犹不及。

冷暴力——孩子无法承受之重

如果说体罚会让孩子的心理健康产生重创，那么冷暴力对孩子心理健康的危害就是致命的。如今，很多家长终日奔波于事业，将家庭丢在脑后，人与人之间的交流越来越少，最终引发冷暴力。冷暴力对孩子的伤害是非常大的，会对孩子产生严重的心理创伤。

吴家成的父母对他的要求非常严格，尤其是他的爸爸，整天板着一副冷脸，他秉承的是"严父出孝子"的原则，不管吴家成成绩如何，或者在某方面有所突出，他都不为所动。一次，吴家成考了全班第二名，他非常开心，虽然平时的成绩就是中上等，但考全班第二还是第一次。他拿着成绩单飞也似的跑回家里，拿给妈妈看，妈妈看了非常开心，告诉他不能骄傲，要再接再厉。这时，下班回家的爸爸刚好看到这一场景，冷冰冰地说了一句："考个全班第二就把你高兴成这样，那第一的还不得上天啊！赶紧进屋做作业去！"小家成顿时觉得自己的一腔热情被泼了瓢冷水，刚才的笑脸瞬间成了霜打的茄子。

吴家成因为爸爸的冷漠而变得郁郁寡欢，从那之后，他再也不觉得成绩的好坏和父母的疼爱有什么关系了，他觉得不管自己有多优秀，在爸爸眼中总是那么没用。后来吴家成的成绩越来越差，而爸爸还是以前那副冷漠的模样，话语之中尽是对他成绩差的嘲讽，而此时的小家成也已经习惯了这种冷漠。

案例中的吴家成总觉得爸爸对自己不满意，爸爸的冷暴力让他对自己越来越不满意。所谓冷暴力，即冷淡、轻视、放任、疏远和漠不关心，导致他人精神和心理上受到侵犯和伤害。有的父母经常用自己的想法去要求孩子，一旦孩子达不到要求就会对孩子冷眼相待。孩子犯了错从来不会温柔地和孩子分析错误，而是直接恶语相加。很多时候孩子会认为家长对待自己的方式也是别人对待自己的方式，慢慢地，他们就会将自己孤立起来，不再和外界交流。

父母的冷漠虽然是无意的，但确确实实伤害到了孩子，并因此而影响到亲子关系，这种影响甚至持续一生。家长想要更好地教育孩子，必须及时和孩子沟通，了解孩子内心的想法，放弃冷暴力。只要父母和孩子之间建立起良好的沟通渠道，在向孩子提出更高要求的时候讲究方式方法，有耐心，孩子才能在达到父母期望的同时变得更加积极向上。

1.冷暴力会让孩子变得冷漠

有位明星在某采访节目中坦言，自己的父母在他很小的时候就离异了，离异之后，他和母亲一起生活，母亲性格冷漠，对于他取得的任何成就都不闻不问，有时候他和别人打架遍体鳞伤，母亲也是不闻不问，漠不关心。长大后，他常常觉得自己没有爱人的能力，不知道怎么去呵护一段感情。

从小就接受冷暴力的孩子长大之后容易变得冷漠、孤僻，在学校不愿意和他人交流、玩耍，不愿意与人合作，常常自卑、郁郁寡欢。这样的孩子心理防线很强，不愿意和别人分享自己的事情，对别人的事情也是漠不关心，无法融入集体当中，这样的孩子的未来发展甚是堪忧。

2. 冷暴力会扭曲孩子的心灵

孩子长期处在冷暴力的生活环境中会变得敏感多疑，外表冷漠，内心实则自卑又缺乏安全感，生活非常自闭，这类孩子的未来成长是非常危险的。

3. 冷暴力影响孩子未来的婚姻生活

如果孩子从小成长于冷暴力的家庭当中，那么等到他们长大之后，也会将自己的负面情绪带入以后的情感生活和婚姻当中，会通过冷暴力的方式解决问题，最终导致家庭关系破裂的恶果。

给孩子解释的机会，接纳孩子的感受

现实生活中，很多家长在看到孩子犯错的时候，就会气急败坏地对孩子大加指责，看到孩子委屈地在一旁哭泣，还以为他是为自己所做的事而感到羞愧；如果孩子对抗父母，父母就会以为孩子知错不改，就会更严厉地指责、惩罚孩子。可是你有没有想过孩子犯错的原因？也许你看到的不一定是事实，也许事实虽然摆在眼前，却事出有因。

一天晚自习，初二（7）班的同学正在认真看书、做习题，老师在课桌旁的过道走来走去，看看哪位同学有不懂的地方。当走到陈志民的课桌前时，他书里的一张纸条突然飞到了地上，老师拣起纸条，上面写着：陈双，我爱你！原本老师打算课后找陈志民谈谈话，但是班上的几个调皮的学生突然起哄道："老师，上面写的什么啊？"这时，其他同学也将好奇目光投向了老师，"没什么，快看书。"可是同学们却变得更骚动。"我知道，是情书"一个调皮的男生突然大声地起哄道，老师看到陈志民已经满脸通红。

"好吧，我就念给你们听听。"老师慢慢地将纸条展开，一本正经地念道："在寻求真理的长河中，唯有学习，不断地学习，勤奋地学习，有创造性地学习，才能越重山跨峻岭。——华罗庚。"随后，老师将纸条折了起来，放在口袋里。

下晚自习之后，陈志民主动来到老师办公室，低着头不敢说话。老师语重心长地对他说："在你们这个年龄段，男女同学之间有好感是很正常的。因为你们正处在青春发育期，但是你们年龄还小，现在的主要任务是学习。放心吧，老师不告诉别人的，老师只希望你今后可以努力学习，提高自己的成绩。因为你们今后的路还很长，明白吗？"陈志民点了点头，眼里早已噙满泪花。从那之后，陈志民非常用功学习，毕业考试时取得了优异的成绩。

曾经有位教育学家说过这样的话："尽可能深入了解每个孩子的精神世界，是教师的首条金科玉律。"通过案例我们不难看出，走进孩子的精神世界是非常重要的。不能因为孩子犯了错就不由分说地指责他，给他解释的机会，引导他走向正确的方向。

孩子犯了错，父母仅凭自己了解的情况去评价、责备孩子，当孩子想要为自己的行为申辩、解释时，父母就会更加生气，心想："犯了错了还想狡辩？"你可曾想过，孩子的心里是非常脆弱的，需要父母的呵护，你应该想想孩子这个时候是不是有什么委屈，哪怕事后你发现是自己对孩子的误解，再向孩子道歉也可能弥补不了他心理上的创伤了。

父母不能在看到孩子做了自己不想让他做的事情之后就对他横加指责，只是要给孩子解释的机会，让孩子将事情的前因后果说清楚之后再下结论。

如果孩子想解释的时候你冲着他怒吼"住嘴！"剥夺他解释的权利，其实就是在剥夺孩子的感受，他会因为这种权利的丧失而感到委屈、难过。随着孩子自我意识的逐渐增强，等到他体会到自我的时候，父母拒绝他的感受其实就是在拒绝他本身。批评对于孩子而言虽然是一种教育手段，但也是有技巧的，及时的批评可以纠正孩子的错误，恰当的批评可以让孩子改过自新，严厉的批评能让孩子悬崖勒马……但至少要给孩子一个解释的机会，只有你接纳孩子感受，才是正确的教育方法。

别让你的偏见，毁了孩子一生

    部分家长表示，我的孩子倔强得很，犯了错也不肯改，说他几句他还顶嘴，和父母的关系很紧张，似乎每天都是"剑拔弩张"之势，究竟是什么导致了这一切？真是孩子自己变成这样的吗？

    一天，妈妈下班去接 10 岁的董广民放学的时候，看到儿子在站队的时候伸手打了班上另外一名男同学的后背，妈妈当即喝止他，而且让他放学之后去学校对面的麦当劳等自己。放学后，妈妈来到麦当劳门口，看到儿子已经等在门口了。预期中的责骂声并没有像想象中那样到来，取而代之是妈妈温柔的话语："饿了吧？走，进去点些东西吃。"

    走进麦当劳的收银台，董广民一直没敢点东西，因为心里清楚自己犯了错，妈妈点了几样他平时喜欢吃的东西，让他端着餐走到了旁边的座位上，轻声说："吃吧。"董广民平时最喜欢吃这些东西，可是这一次他却吃了半天都感觉不到自己吃的是什么。终于，他忍不住了，放下手中的汉堡，怯生生地问妈妈："妈妈，你不责备我吗？我刚刚打了我的同学。"妈妈却笑着说："我不责备你，第一，你按时来到了这里，我却迟到了，所以说明你是个守时的孩子，值得奖励。第二，我不让你在打人的时候你听了我的话，立即住手了，说明你很尊重我，值得奖励。第三，我刚刚问了你们班的同学，他们说你打那名男生的后背，是因为他欺负女生，说明你正直善良，敢于和不良行为做斗争，值得奖励！"听了妈妈一连串的"值得奖励"之后，儿子感动得流下了后悔的眼泪："妈妈，我错了，我不该动手打人，不管怎么说，他也是我的同学啊！"

案例中，董广民的妈妈虽然看到了自己儿子打人，但并没有因此而对儿子产生偏见，她清楚孩子的人格是没有问题的，事发必有因。而现实生活中的大部分家长，在看到孩子撒谎之后就给孩子贴上了"骗子"的标签，在看到孩子打人就回家打骂孩子，最终导致孩子"有苦说不出"，和家长的关系越来越紧张，他们经常会把"说了你也不会信"挂在嘴边，每当犯错误的时候不是任凭父母处置就是溜之大吉。可见父母的偏见对于孩子的危害有多大，那么父母该如何避免对孩子产生偏见呢？

1. 用发展的眼光看孩子

随着孩子的不断成长，他的进步也是显而易见的。在这个过程中，孩子很在乎父母对于自己的态度，如果孩子进步了，得到了父母的赞扬，他就会信心十足地继续前进，如果父母总是看不到孩子的进步，一味地施压、指责，那么孩子的自尊心就会严重受到伤害。每个父母在教育孩子的时候都要让孩子明白，他一直都是妈妈的好孩子，他的好和其他任何附加条件无关。

2. 肯定孩子对的一面

孩子虽然成绩不好，但你不能否认他的好人品；孩子虽然数学不好，但你不能否认他的逻辑思维。父母看孩子不能只看孩子做错的事，更要肯定孩子做得好的事，这样才是完善的教育方法。

3. 了解孩子做错事的原因

孩子准备做一件事的时候就已经在心里大概分析了它的对错，他也担心自己做错事后会受到父母的责备或打骂，可究竟是什么让孩子冒这样的险去做这样的事？父母应该了解孩子做错事的原因，同时引导孩子去做正确的事，走出错事的阴影。

4. 分数不是衡量孩子的唯一标准

试卷还没有发到学生手中时，他们经常会忐忑地想象着自己的分数，自己考得怎么样？班里××考多少分？……虽然教育机构提倡家长和孩子都不要过度关注考试成绩，可是在孩子的心中，对于分数仍然是又紧张又期待的。因为当孩子考完试放假回家之后，很多家长会问孩子：考得怎么样啊？……考得好可以得到家人的夸赞，考得不好就可能是孩子的噩梦。

几天前，小荣的妈妈和朋友倾诉，说自己的儿子刚上初一，怕孩子跟不上初中的进度，就私自给孩子报了个数理化的辅导班，以前的时候孩子的成绩还是不错的，但是补了半年课之后成绩却越来越不理想了。看着孩子成绩下滑，自己着急又生气，经常总是控制不住自己去骂孩子，有时候还会埋怨孩子在浪费自己的钱和精力，孩子却说："都是你自愿的，我又没让你给我报班学习！"听到这话，她更加生气，甚至动手打了孩子。

她觉得自己为孩子付出了很多，但却始终没有得到应有的回报，眼看着孩子的成绩一路下滑，她就越是控制不住自己的脾气。如今孩子对她又怕又恨。其实她也不想打骂孩子，每次情绪过激之后也很是后悔，但是没办法，她常常控制不住自己的暴脾气，如今很苦恼，不知道该如何是好。孩子在数学方面反应迟钝，一道数学题常常要做很久才能解出来，而且正确率不高。老师上课讲的公式他做作业的时候也不会用，不知道是他自己不想学还是脑子太笨。自己在一旁看着孩子绞尽脑汁的样子也是干着急，有时候一着急就会说出了伤孩子心的话，事后后悔万分。

当孩子由于某种原因而没能考出理想的成绩时，内心之中已经充满了焦虑和不安，如果家长此时再因此而火上浇油，孩子的负面情绪就会更突出。作为父母，有责任引导、帮助孩子提高学习成绩，但是不能过分看重分数，应该重视孩子的素质教育，只有这样才有利于孩子的全面发展，充分挖掘出孩子的潜质。父母千万不能为了追求短期效应而对孩子施压，否则孩子总有一天会被压力击垮。作为家长，不妨从以下几方面入手：

1. 父母不要只关注孩子的分数

当家长将沉重的分数和名次强加到孩子身上的时候，其实就是剥夺了孩子丰富多彩的生命体验，让孩子从快乐走向消极。好学的孩子在学习上的动力是充足的、持久的；而为了考试和名次而学习的孩子学到一定程度的时候就会产生厌倦的心理，甚至痛恨老师和学校。只要孩子肯钻研，不管他的成绩如何，都是值得赞赏的。反之，如果孩子一心只为名次和高分，家长反而应该提高警惕。

家长在督促孩子学习的时候不要只盯着孩子的分数，而是要看孩子实际的学习效果，不能以分数作为评价孩子学习成果的唯一标准，要以平和的心态面对孩子的分数。孩子考好了，鼓励孩子再接再厉，孩子没考好，鼓励孩子重新振作，勇往直前。这样才能增强孩子的自信心。

2. 承认孩子存在个体差异

不是每个敏而好学的孩子都能考第一名的好成绩。家长要明白一个事实，孩子到了一定的年龄之后会明白学习的重要性和竞争的压力。但是每个孩子的智力因素、非智力因素不同，学习成绩难免有差异。父母应当认真了解情况，而不是武断地认为孩子不努力、贪玩等。家长应当以尊重、平等的态度与孩子共同分析、解决学习过程中遇到的问题，帮孩子找出适合他的学习方法，并制定合适的目标。

3. 孩子成绩不理想，及时帮助孩子走出阴影，重新振作

理解和宽慰孩子：孩子的学习成绩不理想时，尤其是学习成绩下滑的时候，他的心里其实也很难过，此时父母不能用责骂、冷淡、讽刺挖苦等刺激孩子，而是应当宽容、理解、安慰孩子，以消除孩因学习成绩不理想而产生的自卑、学习兴趣下降、心情低落等状态。

和孩子一起寻找失利的原因：孩子考试失利，家长要和孩子一起找出原因所在，在这个过程中，父母应当态度和蔼，让孩子敢说真话，查问原因的过程中，要努力让孩子做出"合理"解释，及致导致成绩低下的原因。比如考试题目较难，自己马虎大意等，之后引导孩子确定可行目标，和孩子共同商讨出适合他的下一阶段的目标与计划，帮助孩子彻底克服困难、解决问题，让孩子在日后的学习过程中有所侧重、有所进步。

注意后续监督与帮助：制定了学习目标和学习计划之后，家长

还要监督、帮助孩子实施计划。孩子在实施学习计划的过程中会遇到各种各样的问题或困难，比如：自制力下降，贪玩；现实状况发生变化，计划无法继续实施等。这时就需要家长在孩子需要帮助的时候给予帮助，比如重新制定计划；在孩子犯错误的时候及时指正，比如孩子为了踢球而耽误做作业的时间。只有这样，才能保证目标的最终达成。